高等院校计算机应用系列教材

Python程序设计

吴仁群　编著

清华大学出版社
北　京

内 容 简 介

　　本书是一本实用性很强的 Python 语言基础教程，既讲解了 Python 程序设计的基础知识，又提供了大量实用性很强的编程实例。本书共分 8 章，分别介绍了 Python 语言概述、Python 语言基础、函数与模块、常见数据结构、迭代器与生成器、面向对象程序设计、Python 异常处理机制、文件和数据库操作等。

　　本书内容丰富、结构清晰、案例典型，具有很强的实用性和可操作性，适合作为高等院校 Python 程序设计课程的配套教材，也可作为广大计算机用户的自学参考书。

图书在版编目 (CIP) 数据

Python 程序设计 / 吴仁群编著 . -- 北京 : 清华大学
出版社 , 2025. 8. -- (高等院校计算机应用系列教材).
ISBN 978-7-302-70077-7

Ⅰ . TP312.8
中国国家版本馆 CIP 数据核字第 20256UZ420 号

责任编辑：刘金喜
封面设计：高娟妮
版式设计：思创景点
责任校对：成凤进
责任印制：沈　露

出版发行：清华大学出版社
　　　　　网　　　址：https://www.tup.com.cn，https://www.wqxuetang.com
　　　　　地　　　址：北京清华大学学研大厦 A 座　　　　邮　　编：100084
　　　　　社　总　机：010-83470000　　　　　　　　　　邮　　购：010-62786544
　　　　　投稿与读者服务：010-62776969，c-service@tup.tsinghua.edu.cn
　　　　　质　量　反　馈：010-62772015，zhiliang@tup.tsinghua.edu.cn
印　装　者：三河市铭诚印务有限公司
经　　销：全国新华书店
开　　本：185mm×260mm　　　　印　张：13.5　　　　字　数：345 千字
版　　次：2025 年 9 月第 1 版　　　　　　　　　　印　次：2025 年 9 月第 1 次印刷
定　　价：58.00 元

产品编号：106486-01

Python语言是一种解释型、面向对象且具有动态语义的高级编程语言。根据TIOBE官网发布的2025年5月编程语言排行榜，Python、C++和C位居前三，Java排名第四。Python分别在2007年、2010年、2018年、2020年、2021年、2024年6次获得TIOBE"年度编程语言"称号，成为史上获得该称号次数最多的编程语言。Python的成功得益于其简洁易用的语法、强大的数据处理能力、活跃的社区支持、跨平台兼容性以及出色的并行处理能力。此外，Python在Web开发、数据分析、人工智能、机器学习、游戏开发等多个领域展现了广泛的应用场景。

作为一本实践性很强的Python语言基础教材，本书具有以下特点。

(1) 涵盖Python程序设计语言的基础知识，讲解内容由浅入深，符合学生学习计算机语言的规律。

(2) 遵循理论知识和实践知识并重的原则，尽量采用图例的方式阐述理论知识，并辅以大量实例，帮助学生理解、巩固和运用所学知识。

(3) 大部分章节提供综合性实例，这些综合性实例具备知识综合性、紧密联系实际和较强的启发性，可以帮助学生灵活运用各种知识，举一反三地解决实际问题。

本书共分8章。第1章介绍了Python语言的发展历程、特点、开发平台和开发过程，以及如何进行程序调试；第2章介绍了Python语言编程的基础语法，包括变量和数据类型、表达式、控制语句和循环语句等；第3章介绍了Python函数和模块的定义及使用；第4章介绍了常用数据结构，如字符串、列表、元组、集合、字典、栈和队列；第5章介绍了Python语言迭代器与生成器的概念及其用法；第6章介绍了Python的面向对象程序设计基础；第7章介绍了Python的异常处理机制；第8章介绍了Python的输入和输出及数据库操作。

本书由吴仁群编著。在编写过程中，得到了清华大学出版社的大力支持。同时，编者参考了本书"参考文献"中所列举的图书，特此向这些书籍的作者及清华大学出版社表示诚挚的感谢。此外，本书的出版得到了北京印刷学院学科专项(21090124017)的资助。

本书附赠教学课件、案例源代码、教学大纲、教案和教学日历，读者可通过扫描下方二维码进行下载。

教学资源

由于时间仓促，书中难免存在一些不足之处，欢迎广大读者批评指正。
服务邮箱：476371891@qq.com。

编　者
2025年3月

目 录

## 第 1 章

Python 语言概述

Python语言是目前使用最为广泛的编程语言之一，它是一种解释型、面向对象，并具有动态语义的高级编程语言。

本章学习目标：

- 了解Python的发展历程
- 理解Python语言的特点
- 了解Python的应用领域
- 掌握Python开发环境的安装与设置

1.1 Python语言发展历程及特点

1.1.1 Python语言的发展历程

Python是一种非常适合初学者学习的高级编程语言，它由荷兰人Guido van Rossum于1989年在荷兰国家数学与计算机科学研究所设计，并于1991年发布了首个公开发行版本。

Python是在多种编程语言的基础上发展而来的，这些语言包括ABC、Modula-3、C、C++、Algol-68、Smalltalk、Unix shell和其他脚本语言等。与Perl语言一样，Python源代码同样遵循GPL(GNU通用公共许可)协议。目前，Python由一个核心开发团队进行维护，但Guido van Rossum仍在其中发挥着至关重要的指导作用。

Python语言由荷兰人Guido van Rossum于1989年发明。在为ABC语言编写插件的过程中，他产生了创建一种简洁而实用的编程语言的想法，并开始着手实现。由于他对Monty Python喜剧团的喜爱，因此将其命名为Python。

1994年1月，Guido van Rossum发布了Python 1.0版本，包含lambda、map、filter和reduce等功能。2000年10月16日，Python 2.0版本发布，加入了内存回收机制，为现代Python语言框架奠定了基础。随后，在Python 2.0基础上增加了一系列功能，并发布了多个Python 2.x版本。例如，2004年11月30日，发布了Python 2.4，增加了流行的Web框架Django等。Python 2.7是Python 2.x版本系列的最后一个版本。相较于Python的早期版本，Python 3.0进行了重大升级，但在设计时并未考虑向下兼容。因此，新的Python程序建议使用Python 3.x系列版本的语法，除非运行环境无法安装Python 3.x，或程序本身使用了不支持Python 3.x系列的第三方库。需要注意的是，Python 3.5及以上版本无法在Windows XP及更早的操作系统上运行，而Python 3.9及以上版本无法在Windows 7及更早的操作系统上运行。截至本书编写时，Python最新版本为Python 3.13.0。有关Python版本发展的详细信息，可访问相关网站(https://www.python.org)获取。

如今，Python已成为一种知名度高、影响力大、应用广泛的主流编程语言。在电影制作、搜索引擎开发、游戏开发等领域，Python都扮演着重要的角色。未来很长的一段时间内，Python会继续增强其功能，扩大用户群体，从而巩固其在编程语言中的重要地位。

近年来，Python发展迅速。根据KDnuggets的最新调查，Python生态系统已经超过了R语言，成为数据分析、数据科学与机器学习的第一大语言。

1.1.2　Python语言的特点

Python是一种解释型、面向对象、具有动态语义的高级编程语言。它具有以下几个特点。

1. 简洁易学

Python设计简洁、易于上手，其面向对象的特性使得编程更加清晰。用户可以更专注于解决问题而不必沉迷于细节，从而避免了很多重复工作。Python拥有相对较少的关键字和简单的结构，配合明确的语法，使学习过程更加简单。

2. 运行速度相对较快

Python的底层以及许多标准库是使用C语言编写的，因此其运行速度相对较快。

3. 解释运行，灵活性强

作为一门解释型语言，Python不需要像C语言那样预先编译，这使得它的灵活性更强。解释运行的特性使得使用 Python 更加简单，也更便于将Python程序从一个平台移植到另一个平台。

4. 免费开源，扩展性强

Python是一种免费和开源的编程语言，这一点至关重要，有助于扩大其用户群体。随着用户数量的增加，Python的功能也日益丰富。用户可以自由地发布软件的副本、查看源代码、进行修改，并将其部分内容用于新的自由软件项目。这实际上形成了一种良性循环。

5. 丰富的类库与良好的移植性

Python拥有丰富的库，并且可移植性非常强，可以与C和C++等语言配合使用。这样的特性使其能胜任很多工作，例如数据处理和图形处理等。

6. 面向对象

与其他主要的语言如C++和Java相比，Python以一种既强大又简单的方式实现了面向对象编程。

1.1.3　Python语言的应用

近年来，Python发展迅速，稳居TIOBE官网发布的编程语言排行榜的前三名。Python是目前大学教学中最常用的语言，在统计领域更是排名第一。在许多软件开发领域，包括脚本和进程自动化、网站开发以及通用应用程序等，Python越来越受欢迎。随着人工智能的发展，Python已成为机器学习的首选语言。

Python的主要应用领域如下。

- 云计算：Python是云计算领域最热门的语言，典型应用如OpenStack。
- Web开发：Python拥有许多优秀的Web框架，许多大型网站都是使用Python开发的，例如YouTube、Dropbox和豆瓣网等。
- 人工智能和科学计算：Python在人工智能领域内的机器学习、神经网络、深度学习等方面占据主流地位。Python擅长进行科学计算和数据分析，支持各种数学运算，可以绘制高质量的2D和3D图像。
- 系统操作和维护：Python是系统操作和维护人员的基本编程语言。
- 金融定量交易和金融分析：在金融工程领域，Python是使用广泛的编程语言之一，其重要性逐年上升。
- 图形GUI：Python通过PyQT，WXPython，TkInter等模块提供了丰富的图形功能。

Python在公司和政府机构中的具体应用如下。

- Google：Google的应用程序引擎和相关代码(如Googl.com、Google爬虫、Google广告)广泛使用Python。
- CIA：美国中央情报局(CIA)的网站是用Python开发的。
- NASA：美国国家航空航天局(NASA)广泛使用Python进行数据分析和计算。
- YouTube：世界上最大的视频网站YouTube是用Python开发的。
- Dropbox：美国最大的在线云存储网站完全基于Python实现，每天处理超过10亿次文件上传和下载。
- Instagram：Instagram是美国最大的照片共享社交网站，每天有3000多万张照片被共享，这些功能均使用Python开发。
- Facebook：Facebook许多基本库是通过Python实现的。
- Redhat：Linux发行版中的Yum包管理工具是用Python开发的。
- 豆瓣：豆瓣的业务都是通过Python开发的。
- 知乎：中国最大的问答社区是通过Python开发的。

除此之外，还有搜狐、金山、腾讯、盛大、网易、百度、阿里、淘宝、土豆、新浪、果壳等公司也在大量使用Python来完成各种任务。

1.2　Python开发环境配置

1.2.1　Python开发环境

1. 默认编程环境

在安装Python软件后，系统会自动安装一个默认编程环境——IDLE。初学者可直接利用这个环境进行学习和程序开发，无须额外安装其他软件。

需要注意的是，由于Python 3.9及以上版本无法在Windows 7及更早版本的操作系统上运行，本书将基于Python 3.8.10介绍相关知识(所有程序均已在该版本下调试通过)。

2. 其他常用开发环境

除了IDLE，以下是一些常用的开发环境：

- ○ Eclipse+PyDev
- ○ PyCharm
- ○ Wing IDE
- ○ Eric
- ○ PythonWin
- ○ Anaconda3(内含Jupyter和Spyder)
- ○ zwPython

其中，应用比较广泛的是Anaconda3。Anaconda3是一个开源的Python发行版本，其包含了conda、Python等180多个科学计算包及其依赖项，基本能满足用户的开发需求，无须在开发中考虑是否需要安装相应的模块。感兴趣的用户可以通过官方网站(https://www.anaconda.com/download)下载相关软件。

1.2.2　Python安装

Python 3.8.10的安装过程如下。

(1) 从网站(www.python.org)下载Python 3.8.10安装程序(可以选择python-3.8.10-amd64.exe或python-3.8.10.exe)，然后双击安装该程序。此时，系统将打开一个对话框，如图1-1所示。

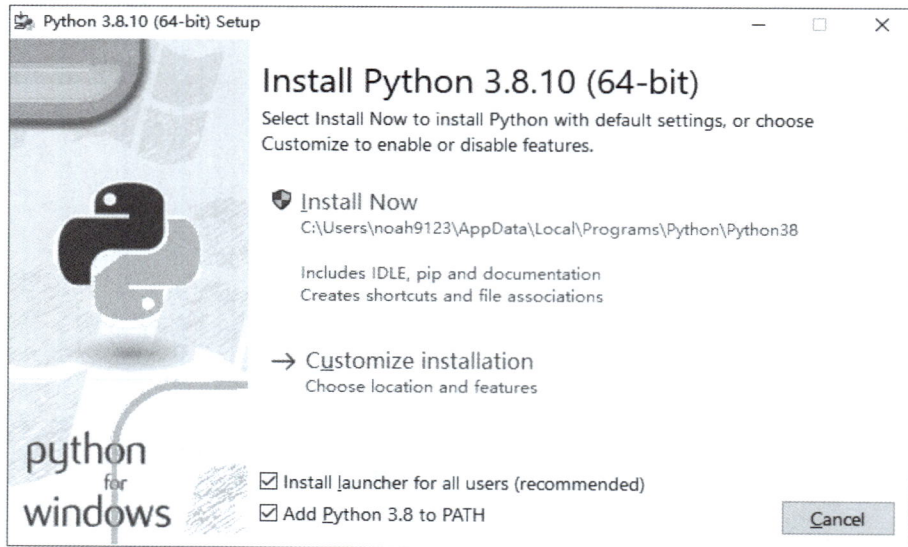

图 1-1　Python 3.8.10(64-bit)Setup 对话框

(2) 在图1-1所示对话框中选中所有复选框后，单击【Customize installation】选项，打开图1-2所示的对话框。

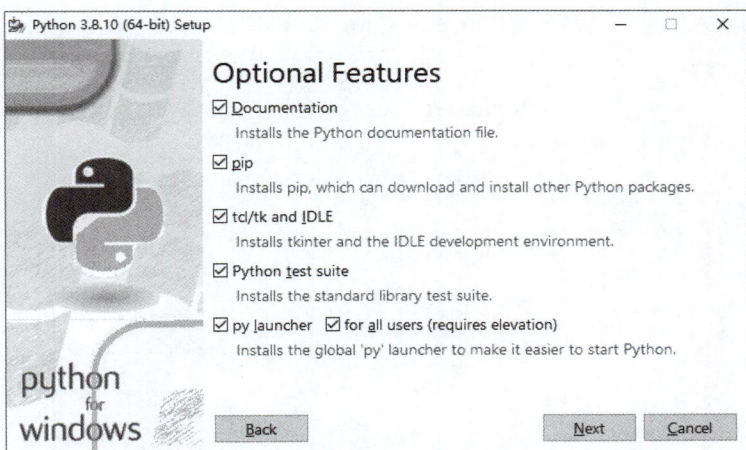

图 1-2　Optional Features 对话框

(3) 在图1-2所示对话框中选中所有复选框后，单击【next】按钮，打开如图1-3所示的对话框。

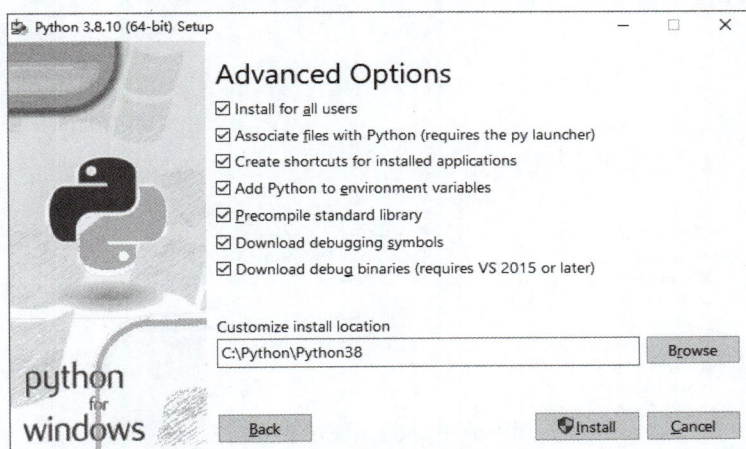

图 1-3　Advanced Options 对话框

(4) 在图1-4所示对话框中选中所有复选框后，单击【Browse】按钮。在打开的对话框中将安装路径设置为C:\ Python \Python38，然后单击【Install】按钮开始安装Python，如图1-4所示。

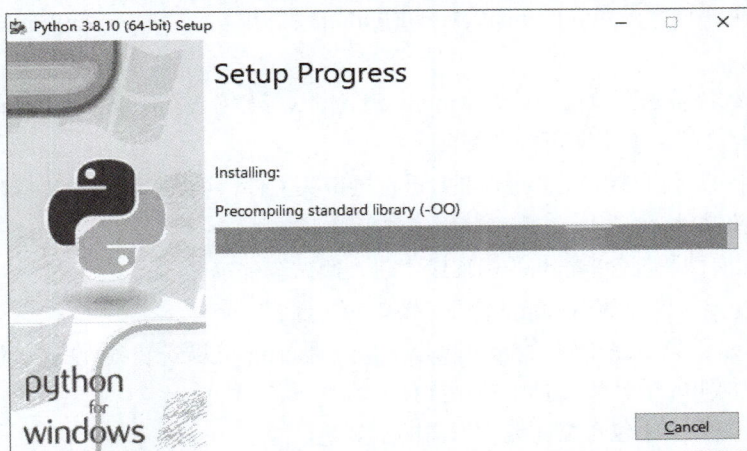

图 1-4　Setup Progress 对话框

(5) Python安装完毕后，将打开图1-5所示的对话框，单击【Close】按钮。

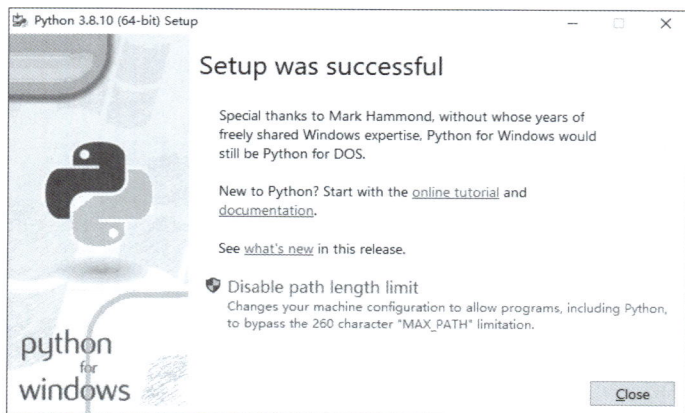

图 1-5　Setup was successful 对话框

完成以上操作后，Python系统目录的结构将如图1-6所示。

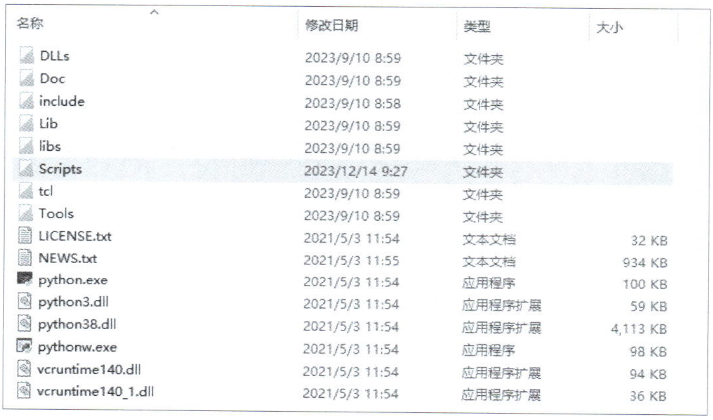

名称	修改日期	类型	大小
DLLs	2023/9/10 8:59	文件夹	
Doc	2023/9/10 8:59	文件夹	
include	2023/9/10 8:58	文件夹	
Lib	2023/9/10 8:59	文件夹	
libs	2023/9/10 8:59	文件夹	
Scripts	2023/12/14 9:27	文件夹	
tcl	2023/9/10 8:59	文件夹	
Tools	2023/9/10 8:59	文件夹	
LICENSE.txt	2021/5/3 11:54	文本文档	32 KB
NEWS.txt	2021/5/3 11:55	文本文档	934 KB
python.exe	2021/5/3 11:54	应用程序	100 KB
python3.dll	2021/5/3 11:54	应用程序扩展	59 KB
python38.dll	2021/5/3 11:54	应用程序扩展	4,113 KB
pythonw.exe	2021/5/3 11:54	应用程序	98 KB
vcruntime140.dll	2021/5/3 11:54	应用程序扩展	94 KB
vcruntime140_1.dll	2021/5/3 11:54	应用程序扩展	36 KB

图 1-6　Python 系统目录结构

以下是关于Python系统目录中各个文件和子目录的说明。

(1) python.exe：python.exe文件是一个可执行文件，在命令行(cmd)下执行python.exe会打开一个Windows命令行窗口。

(2) DLLs目录：该目录包含Python的*.pyd(Python动态模块)文件与一些Windows的*.dll(动态链接库)文件。

(3) Doc目录：该目录存放文档。在Windows平台上，只有一个python3810.chm文件，其中集成了Python的所有文档，双击即可打开阅读。

(4) include目录：该目录包含Python的C语言接口头文件，当在C程序中集成Python时，会用到这个目录下的头文件。

(5) lib目录：该目录包含Python的标准库、包、测试套件等。

(6) libs目录：该目录存放Python的C语言接口库文件。

(7) Scripts目录：该目录中包含pip可执行文件，通过pip可以安装各种Python扩展包(这也是该目录需要被添加到PATH环境变量中的原因)。

(8) tcl目录：该目录中包含桌面编程所需的工具包。

(9) Tools目录：该目录包含一系列工具，目录中的README.txt文件详细说明了各工具的用途。

1.2.3　环境变量设置

在Python语言的应用中，有两个非常重要的环境变量：PATH和PYTHONPATH。

PATH用于指定系统安装位置和系统内置模块的位置。如果在安装系统时选中了"Add Python 3.8.10 to Path"复选框，则该环境变量会自动设置。否则就需要使用手动方式来设置PATH，主要是将系统安装位置和该位置下的Scripts子目录添加到系统的PATH环境变量中。

PYTHONPATH用于指定用户自定义模块或第三方模块的位置，以便让Python解释器能够找到这些模块。如果没有将所需模块的路径添加到PYTHONPATH，在导入该模块时可能会出现"找不到该模块"的错误。因此，必须把所需模块的路径添加到 PYTHONPATH。

环境变量的设置过程基本相似，以下将以Windows 10为例说明如何设置环境变量PYTHONPATH，而环境变量PATH的设置可参照此过程。

设置环境变量PYTHONPATH的步骤如下。

(1) 右击Windows 10系统桌面上的【计算机】图标，弹出图1-7所示的快捷菜单。

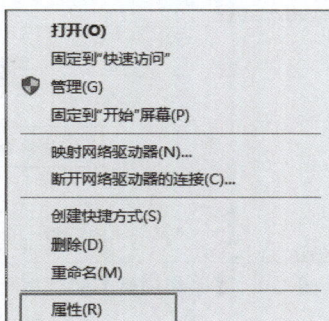

图 1-7　快捷菜单

(2) 在图1-7所示的快捷菜单中选择【属性】命令，打开图1-8所示的窗口。

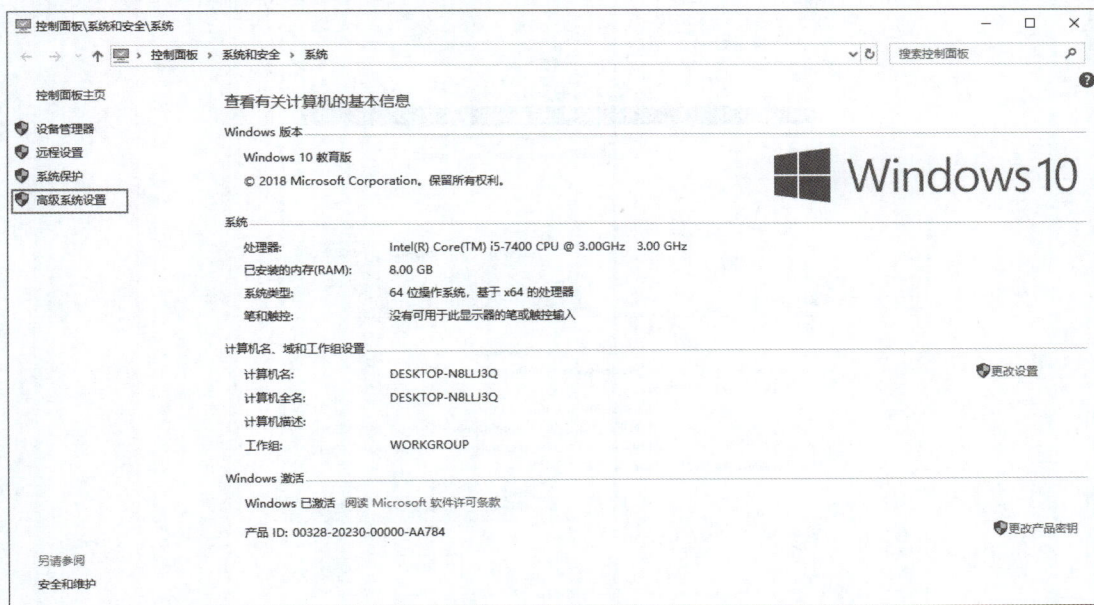

图 1-8　【控制面板 \ 系统和安全 \ 系统】窗口

(3) 在图1-8所示的窗口中选择【高级系统设置】选项，打开如图1-9所示的【系统属性】对话框。

图 1-9　【系统属性】对话框

(4) 在图1-9所示的【系统属性】对话框中单击【环境变量】按钮，打开如图1-10所示的【环境变量】对话框。

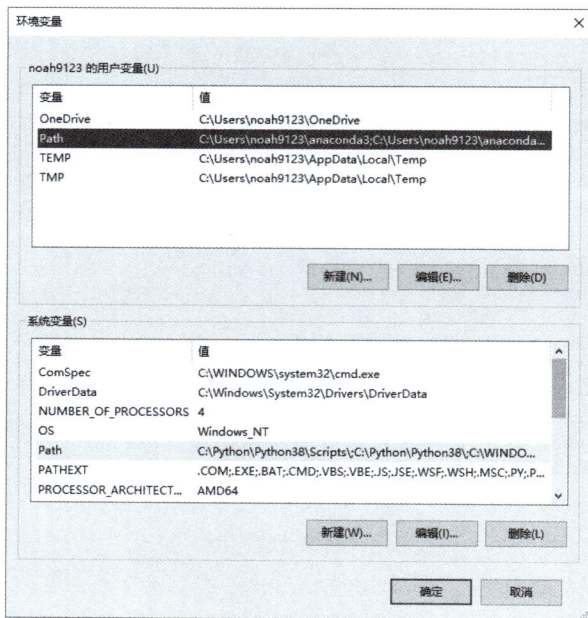

图 1-10　【环境变量】对话框

(5) 在图1-10所示的【环境变量】对话框的【用户变量】区域中单击【新建】按钮，打开【新建系统变量】对话框添加PYTHONPATH环境变量，如图1-11所示。

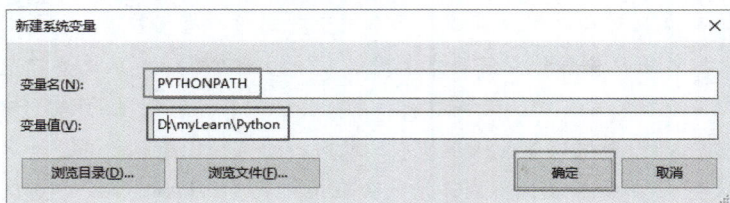

图 1-11　新建系统变量

(6) 在图1-11所示的【新建系统变量】对话框【变量名】文本框中输入PYTHONPATH，在【变量值】文本框中输入"D:\mylearn\Python"，然后单击【确定】按钮。此时，将打开图1-12所示的【环境变量】对话框。

图 1-12　【环境变量】对话框

从图1-12可以看出，已成功添加一个新的环境变量PYTHONPATH。需要指出的是，如果发现某个环境变量的值需要修改，可以单击【编辑】按钮进行修改；如果不再需要某个环境变量，可以单击【删除】按钮将其移除。本文开发模块均在D:\mylearn\Python目录下，因此这里设置PYTHONPATH的值为D:\mylearn\Python(用户可以根据自己的实际情况设置该值)。

❖ 提示：

在Windows 2000和Windows XP系统中设置环境变量的步骤如下。

(1) 右击系统桌面上的【我的电脑】图标。

(2) 在弹出的快捷菜单中选择【属性】命令。

(3) 在打开的窗口中选择【高级】选项卡。

(4) 在【高级】选项卡中单击【环境变量】按钮。

说明：

在Windows系统中，存在两种环境变量：用户变量和系统变量。这两种环境变量可以存在同名的变量。用户变量只对当前用户有效，而系统变量则对所有用户有效。

Windows系统执行用户命令时，若用户未提供文件的绝对路径，系统会首先在当前目录下查找相应的可执行文件或批处理文件。若找不到，系统会依次在系统变量的PATH中指定的路径中寻找相应的可执行程序文件(查找顺序是从左往右，最前面的路径优先级最高，一旦找到命令，后续路径将不会再继续查找)。如果还找不到，系统会在用户变量的PATH路径中查找。如果系统变量和用户变量的PATH中都包含了某个命令，则优先执行系统变量PATH中的命令。

在Windows系统中，用户变量和系统变量(如PATH)的名称不区分大小写，因此设置Path和PATH是没有区别的。

1.2.4 用户模块文件管理

Python语言是一种解释型语言，为了让解释器python.exe能够正确解析用户模块文件，必须对这些模块文件进行适当的管理，以便解释器能够识别，并执行它们。管理用户模块文件的方式通常有以下三种。

1. 将用户的模块文件(如abc.py)放置在\lib\site-packages目录下

\lib\site-packages子目录位于Python的安装位置中。当PATH环境变量包含Python的安装位置时，位于\lib\site-packages子目录下的模块文件可以被Python解释器Python.exe导入并执行。

然而，如果把模块文件都放在此目录下，可能会导致模块文件混乱，甚至可能损坏某些模块文件。因此，一般不建议采取这种方式。

2. 使用.pth文件

在 site-packages目录中创建.pth文件，将模块的路径逐行写入，每行指定一个路径。以下是一个示例，其中.pth文件也可以使用注释：

```
# .pth file for the my project(这行是注释)
D:\myLearn\python
D:\myLearn\python\mysite
D:\myLearn\python\mysite\polls
```

这种方法是一个不错的选择，但存在管理上的问题，并且无法在不同的Python版本之间共享。

3. 使用PYTHONPATH环境变量

PYTHONPATH是Python中一个重要的环境变量，用于指定导入模块时的搜索路径。可以通过以下方式访问。

(1) 暂时设置模块的搜索路径(修改sys.path)。

导入模块时，Python会在指定的路径下搜索相应的.py文件，这些搜索路径存放在sys模块的sys.path变量中。可以通过以下方式查看sys.path变量的内容。

```
>>>import sys
>>>sys.path
PATH=C:\Python\Python38\Scripts\; C:\Python\Python38\ ;C:\WINDOWS\system32; C:\
WINDOWS;C:\WINDOWS\System32\Wbem;C:\WINDOWS\System32\WindowsPowerShell\v1.0\;C:\
WINDOWS\System32\OpenSSH\ ;C:\Users\dellpc\AppData\Local\Microsoft\WindowsApps;
```

可以通过append函数在sys.path后添加搜索路径。例如，若要导入的第三方模块位于D:\myLearn\python，可以在Python解释器中添加sys.path.append('D:\\myLearn\\python')。

需要注意的是，这种方法只是暂时性的，下次再进入交互模式时需要重新设置。

(2) 永久设置模块的搜索路径。

设置PYTHONPATH环境变量。关于如何设置PYTHONPATH的方法在前面已经介绍，在此不再赘述。

1.3　Python的使用

1.3.1　命令行方式

在这种方式下，首先使用编辑器(如EditPlus)编辑生成模块文件，然后在DOS提示符下使用Python的python.exe命令及有关参数来运行模块文件。下面将介绍如何在命令行方式下使用Python。

(1) 按下Windows+R键(即Win+R)，打开【运行】对话框，如图1-13所示。

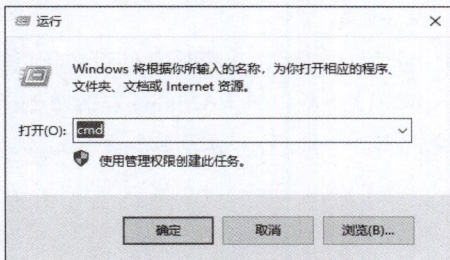

图 1-13　【运行】对话框

(2) 在图1-13所示的【运行】对话框中输入cmd后，单击【确定】按钮，打开图1-14所示的命令窗口(通常称为DOS窗口)。

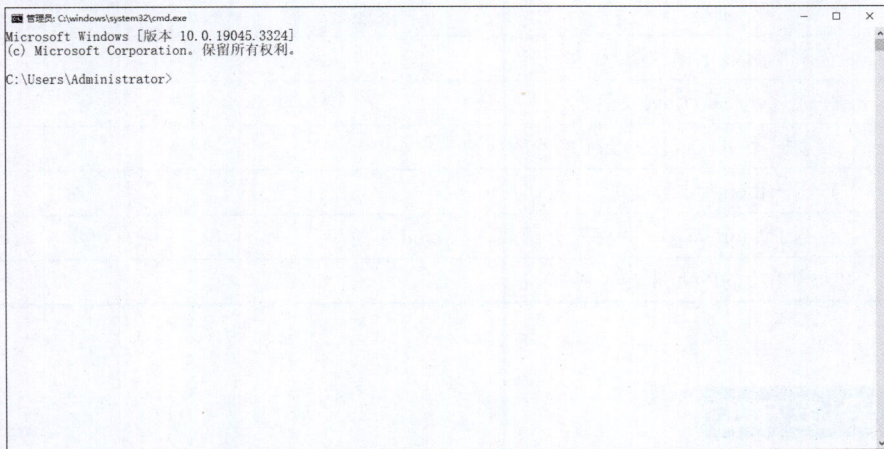

图 1-14　命令窗口

(3) 在图1-14所示命令窗口的提示符后可以输入各种DOS命令(如切换盘符、进入工作目录等)。例如，将盘符切换到E盘并进入工作目录D:\myLearn\python后，命令窗口将如图1-15所示。

图 1-15　操作后的命令窗口

此时，在图1-15所示窗口中，用户可以在DOS提示符"D:\myLearn\python"后输入Python的python.exe命令及相关参数来运行模块文件。例如：

```
D:\myLearn\python>python PBT01.py
```

其中，PBT01.py为用户建立的模块文件。该模块文件可使用EditPlus进行编辑。本文所有的模块文件均在EditPlus中编辑，并通过命令行使用python.exe解释器运行。

建议初学者使用EditPlus编辑模块文件(无论包含多少命令)，然后在命令行下使用python.exe解释器进行解释和运行。

PBT01.py的内容为：

```
print('Hello Python!')
```

Python的命令行参数详见表1-1。

表1-1　Python命令行参数

选项	描述
-d	在解析时显示调试信息
-O	生成优化代码 (.pyo文件)
-S	启动时不引入查找Python路径的位置
-V	输出Python版本号
-c cmd	执行 Python 脚本，并将运行结果作为 cmd 字符串
file	执行指定的Python文件

1.3.2　IDLE方式

在该方式中，首先需要启动IDLE(Python 3.8.10)。启动IDLE后将打开图1-16所示的Shell窗口。

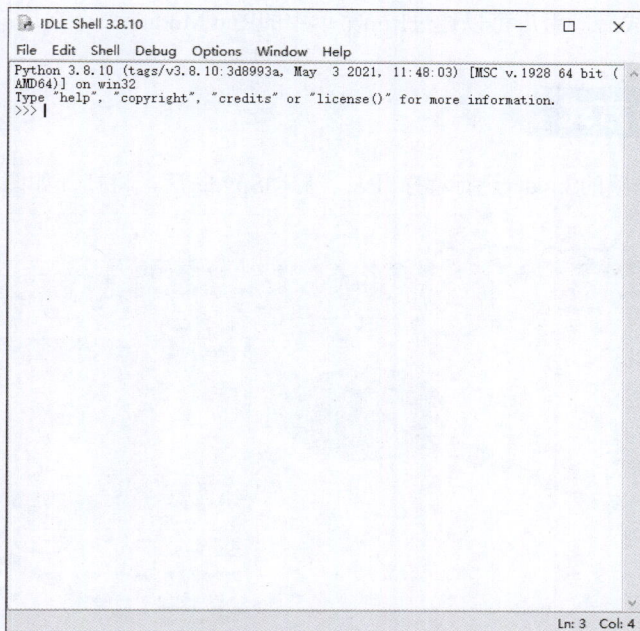

图 1-16　Shell 窗口

在Shell窗口的">>>"提示符下可以输入各种命令，并且在输入过程中可以随时进行保存。

除了在">>>"下输入各种命令外，用户也可将命令编辑成一个模块文件(.py文件)。可以通过File菜单中的New File命令来创建新的文件，或使用Open命令打开已编辑的文件。当使用New File命令时，将会打开图1-17所示窗口。

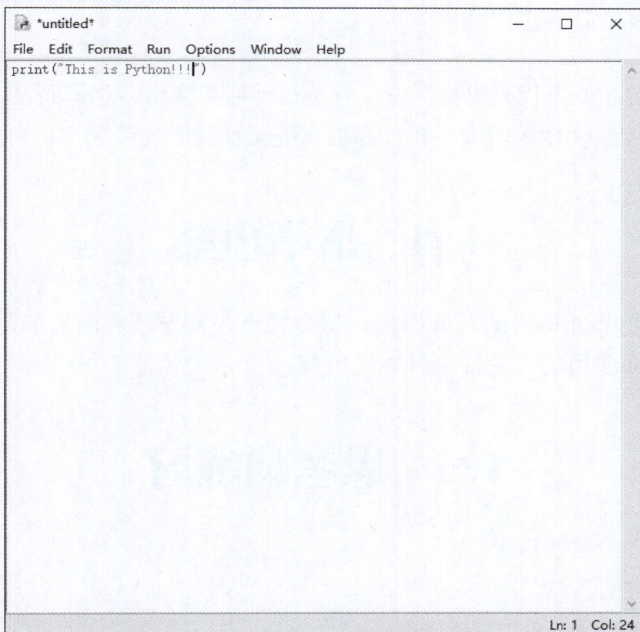

图 1-17　模块文件编辑窗口

在图1-17所示窗口中，用户可以编辑模块文件。当然，模块文件也可以使用任何其他编辑工具(包括EditPlus)进行编辑。

模块文件编辑完成后，用户可以通过Run菜单中的Run Module命令来运行该模块文件。

1.3.3　Spyder方式

使用Anaconda3内置的Spyder进行程序开发。启动Spyder后，将打开如图1-18所示窗口。

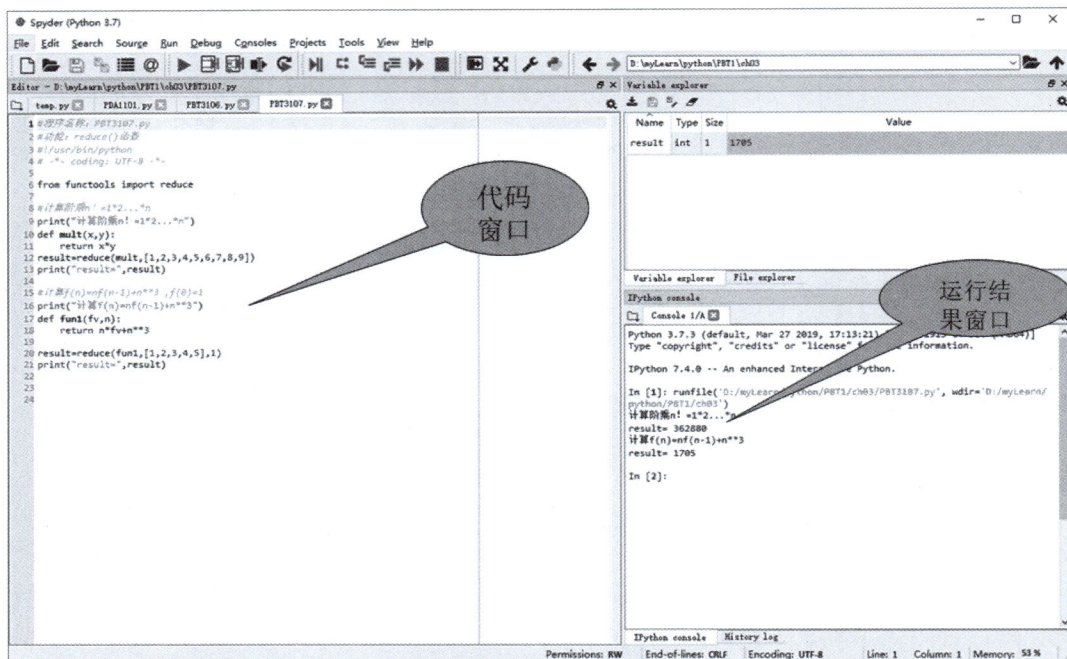

图 1-18　Spyder 窗口

图1-18所示窗口的左侧是代码窗格，右下方是运行结果窗格。总体而言，使用Spyder进行开发相对方便，但由于该软件体积较大，在计算机系统配置较低的情况下，启动速度可能较慢。

1.4　本章小结

本章主要介绍了Python语言的发展历程、核心特点、开发环境的安装与配置、用户模块文件的管理，以及Python使用的三种常见方式等内容。

1.5　思考和练习

1. 简述Python语言的发展历程。

2. 简述Python语言的特点。

3. 简述如何设置PYTHONPATH环境变量。

4. 安装Python3.8.10软件。编写一个简单程序，并利用解释器运行。

第 2 章

Python 语言基础

Python语言是在其他编程语言(如C语言)的基础上发展而来的,因此与其他语言有许多相似之处(例如循环结构和判断结构等)。然而,作为一门语言,Python语言也有其自身的特点。在学习Python语言时,用户可以通过对比其他语言,更加深入地理解Python的独特之处。

本章学习目标:
- 了解Python程序的基本语法
- 掌握Python语言的变量与数据类型
- 掌握Python语言的常见运算符
- 掌握Python语言的条件控制与循环语句

2.1 Python基础语法

2.1.1 Python程序基本框架

Python语言的程序由一系列函数、类和语句组成,其基本框架如图2-1所示。

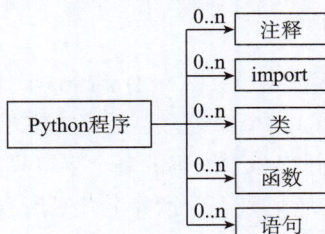

图 2-1 Python 程序框架 (一般性)

Python程序是顺序执行的。在Python中,首先执行最先出现的非函数定义和非类定义的未缩进代码。C语言是从main( )函数开始执行的,因此,为了保持与C语言的习惯相同,建议在Python程序中增加一个main( )函数,并将对main( )函数的调用作为最先出现的非函数定义和非类定义的未缩进代码。这样，Python程序便可从main( )作为执行的起点。建议按照图2-2所示的框架来编写Python程序。

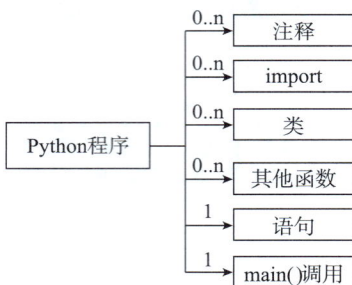

图 2-2　Python 程序框架（建议性）

以下举例说明。

Python程序	说明
# 程序名称：ppb2100.py	注释
# 程序功能：展示程序框架	注释
def sum(x,y):	函数定义
return x+y	函数内语句
def main():	函数定义
x=1	函数内语句
y=2	函数内语句
print("sum=",sum(x,y))	函数内语句(含函数调用)
main()	函数调用

本书中绝大部分程序都是按照这种框架进行组织的。需要强调的是，提出这种建议框架的目的是为了帮助初学者养成规范组织代码的习惯。当学习Python到一定程度后，读者会形成更合理、更规范且适合自身的代码组织习惯。

2.1.2　Python编码

1. 编码简介

ASCII编码是由美国信息交换标准委员会(ANSI)于1963年制定的一种字符编码标准，广泛应用于计算机领域。ASCII码只能表示128个字符，包括英文字母、数字、标点符号和一些控制字符。每个字符用7个比特位表示，因此ASCII编码的每个字符只需1个字节来存储。

Unicode是一种字符编码标准，它可以表示世界上几乎所有的字符，包括汉字、日文、韩文等。Unicode为每个字符分配一个唯一的编码值，这些编码值可以用16位或32位表示。

在Python中，字符串以Unicode形式表示，可以表示任意字符。然而，由于计算机硬件只能存储二进制数据，因此在实际应用中，需要将Unicode字符编码为二进制数据，或将二进制数据解码为Unicode字符。

在Python中，常见的中文字符编码方式包括UTF-8、GBK和GB2312等。其中，UTF-8是一种可变长度的Unicode字符码方式，可以将Unicode字符集中的所有字符编码成一个或多个字节。在UTF-8编码中，ASCII字符使用一个字节表示，而非ASCII字符则使用两个、三个或四个字节表示。UTF-8编码广泛应用于互联网和计算机系统中，被认为是一种通用的字符编码方式。GBK和GB2312是两种常见的中文字符编码方式。在这两种编码方式中，一个中文字符通常使用两个字节表示，但部分冷僻字符需要三个字节或四个字节表示。GBK是GB2312的扩展版本，支持更多中文字符，包括繁体中文和部分外来语。

2. 编码转换

不同编码之间不能直接转换，要借助Unicode编码实现间接转换。例如，将GBK编码转换为UTF-8编码的流程为：首先通过decode()函数将其转换为Unicode编码，然后再使用encode()函数将Unicode编码转换为UFT-8编码。类似地，将UTF-8编码转换为GBK编码格式流程为：首先通过decode()函数转换为Unicode编码，然后使用encode()函数将其转换为GBK编码，如图2-3所示。

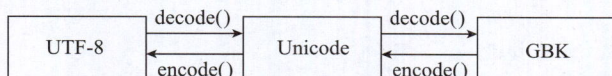

图 2-3　UTF-8 和 GBK 编码之间的转换

Python中提供了两个实用的函数：decode( )和encode( )。

将UTF-8编码转换为GBK编码的过程如下：

```
>>>decode('UTF-8')        # 将UTF-8编码转换成Unicode编码
>>>encode('GBK')          # 将Unicode编码转换成GBK编码
```

将GBK编码转换为UTF-8编码的过程如下：

```
>>>decode('GBK')          # 将GBK编码转换成Unicode编码
>>>encode('UTF-8')        # 将unicode编码转换成UTF-8编码
```

2.1.3　Python注释

Python中的注释分为单行注释和多行注释。

1. 单行注释

单行注释以 # 开头，例如：

```
# 这是一个单行注释
print("Hello, World!")
```

2. 多行注释

多行注释用两个三引号(单三引号''' 或者双三引号""")将注释括起来，例如：

```
# !/usr/bin/python3
'''
这是多行注释，用三个单引号
这是多行注释，用三个单引号
'''
print("Hello, World!")
```

或

```
# !/usr/bin/python3
"""
这是多行注释，用三个双引号
```

```
这是多行注释，用三个双引号
"""
print("Hello, World!")
```

2.1.4 行与缩进

1. 缩进

在Python中，缩进是一个非常重要的概念。与Java和C等语言不同的是，Python使用缩进来指示代码块的层次结构，而不是使用大括号{}。缩进有助于更好地组织和管理代码，控制程序的流程，提高代码的可读性和可维护性。正确使用缩进可以避免语法错误，使代码更加规范和易读。

缩进的空格数是可变的，但同一个代码块的语句必须使用相同数量的缩进空格。一般建议使用Tab键来控制缩进。例如：

```
if True:
    print("This is True")
else:
    print("This is False")
```

下面的例子说明了空格缩进不一致时，会导致运行错误。

【实例2-1】

```
# 程序名称：ppb2101.py
# 程序功能：展示缩进不一致的错误
if True:
    print("This  is  ")  # L1
    print("True")        # L2
else:
    print("This  is  ")  # L3
  print("False")         # L4缩进不一致，会导致运行错误
```

以上程序由于缩进不一致，执行后会出现如下错误：

```
File"ppb2101.py",line 8
    print("False")       # L4
                  ^
IndentationError: unindent does not match any outer indentation level
```

说明：

在程序ppb2101.py中，L1、L2、L3和L4所对应的行属于同一层次，因此缩进空格数应保持一致，行首字母应纵向对齐，否则在运行时会出错。

2. 多行语句

若语句较长，可以使用反斜杠(\)来实现多行语句，例如：

```
total=item_one+\
        item_two+\
        item_three
```

此外，也可将多行语句放在括号(例如[]、{}或( ))中，而不使用反斜杠(\)，例如：

```
total=['item_one','item_two','item_three',
        'item_four','item_five']
```

2.1.5　常用的函数和语句

1. input( )函数

input( )是一个内置函数，用于从标准输入读取一行文本。默认情况下，标准输入是键盘。示例代码如下：

```
s=input("请输入：");
print("你输入的内容是：", s)
```

说明：

input( )函数的返回值是字符串，可利用int( )、float( )等函数将数字型字符串转换为对应的数字。例如，int("123")的结果为123，而float("123.12")的结果为123.12。

有关这类转换函数的详细介绍将在后面的章节中讨论。

2. print( )函数

print( )是一个内置函数，用于将特定对象(如Number型数字，字符串等)输出到屏幕上。例如：

```
print("Hello Python! ")
```

输出结果为：

```
Hello Python!
```

输出多项内容时，各项之间用逗号(,)隔开。例如：

```
s="good"
i=100
print("Hello Python! ",s,"i=",i)
```

输出结果为：

```
Hello Python! good  i=100
```

默认情况下，print( )会在输出后换行。若希望不换行，可以在输出内容末尾添加end=字符串。例如：

```
# 不换行输出
print("This-is ", end="-")
print("Python")
```

输出结果为：

```
This-is-Python
```

❖ **特别提示：**

灵活运用print语句，可以将输出内容以一种整洁且易于阅读的形式输出到屏幕上。例如：

```
print("┌────┬────┐")
print("│学号│姓名│")
print("├────┼────┤")
print("│1001│张三│")
print("└────┴────┘")
```

执行后输出结果为：

学号	姓名
1001	张三

3. pass语句

pass是Python中一个特殊的语句，它是一个空语句，不执行任何操作。通常用于占位，以保持程序结构的完整性。pass语句主要出现在函数、类、控制语句和循环语句中，当相关功能尚未实现时，可以使用pass占位。下面分别举例说明。

(1) 在函数中使用pass。例如：

```python
def  fun():
    pass  # 占位作用
```

在这个示例中，函数fun()的功能暂时未实现，因此使用pass占位。如果去掉pass，将导致语法错误。

(2) 在类中使用pass。例如：

```python
class myClass:
    pass  # 占位作用
```

在这个示例中，类myClass的功能暂时未实现，因此使用pass占位。如果去掉pass，将导致语法错误。

(3) 在控制语句中使用pass。例如：

```python
if a>1:
    pass  # 控制作用
else
    print("a<=1")
```

在这个示例中，if后的语句块暂时未确定，因此可以用pass占位。如果去掉pass，将导致语法错误。

(4) 在循环语句中使用pass。例如：

```python
for i in range(10):
    pass
```

在这个示例中，循环体中的语句块暂时未确定，因此可以用pass占位。如去掉pass，将导致语法错误。

4. del语句

在Python中，一切皆为对象。通过使用del语句，可以删除任何对象。例如：

```python
del name       # 删除某个变量
del Classname  # 删除某个类
```

❖ 提示：

由于内存空间是有限的，使用del命令删除一些不再需要的对象(无论是永久性还是临时的)是非常必要的。

5. id( )函数

在Python中，变量实际上存储的对象是内存地址。通过id( )函数，可以查看变量所指向的内存地址。例如：

```python
x=10
print(id(x))  # 140703774499760
```

在这个示例中，变量x存储的是地址140703774499760，而该地址单元中存储的值为10。

6. type( )函数

在Python中存在多种类型的对象，如int型对象(即整数型对象)、str型对象(即字符串对象)等。可以使type( )函数来查看对象的类型。例如：

```
x=100
print(type(x))    # <class'int'>
s="I am String"
print(type(s))    # <class'str'>
```

2.1.6　Python关键字

Python关键字是具有特定含义和用途的字符序列，不能用于其他用途。表2-1所示为Python关键字的详细说明。

表 2-1　Python 关键字

关键字	功能描述
False	布尔类型的值，表示假，与True对应
class	定义类的关键字
finally	异常处理使用的关键字，用于指定始终执行的代码
is	用于判断两个变量的指向是否完全一致，内容和地址完全一致，返回True，否则返回False
return	Python函数返回值，函数中一定要有return返回值才是完整的函数。如果没有定义return，则会返回None
None	特殊常量，表示没有值。与False不同，None不是0，也不是空字符串。None和其他任何数据类型比较时，永远返回False。None属于NoneType数据类型。可以将None复制给任何变量，但是不能创建其他NoneType对象
continue	用于告诉Python跳过当前循环块中的剩余语句，继续进行下一轮循环
for	用于遍历任何序列的项目，例如列表或字符串
lambda	用于定义匿名函数
try	程序员可以使用try⋯except语句来处理异常。把正常的语句块放在try块中，将错误处理语句放在except块中
True	布尔类型的值，表示真，与False相反
def	用于定义函数
from	用于通过import或from⋯import导入相应的模块
nonlocal	用于在函数或其他作用域中使用外层(非全局)变量
while	用于重复执行一段代码。while是循环语句的一种，while语句可以有一个可选的else从句
and	逻辑判断语句，当and左右两边都为真时，判断结果为真，否则为假
del	删除列表中不需要的对象，删除定义过的对象
global	用于定义全局标量
not	逻辑判断，表示取反
with	控制流语句，用于简化try⋯finally语句，主要用于实现具有_enter_()和_exit_()方法的类
as	用于给对象取新的名字，例如 with open('abc.txt') as fp、except Exception as e、import numpy as np等
elif	和if配合使用，表示"否则如果"

（续表）

关键字	功能描述
if	用于检验一个条件，如果条件为真，执行一段代码(称为if块)；否则，执行另一段代码(称为else块)。else从句是可选的
or	逻辑判断，or两边任何一个条件为真，则判断结果为真
yield	用法类似return，yield告诉程序，要求函数返回一个生成器
assert	声明某个表达式必须为真，编程中若该表达式为假，将抛出AssertionError
else	与if配合使用，表示条件不满足时执行的代码块
import	通过import或者from…import语句导入相应的模块
pass	表示什么都不做，主要用于弥补语法和空定义上的冲突
break	用于终止循环，无论循环条件是否为False或者序列还没有被完全递归，都会停止循环语句
except	与try配合使用，用于处理异常
in	判断对象是否在序列(如列表、元组等)中
raise	用于抛出异常
async	用于声明一个函数为异步函数，异步函数可以在执行过程中挂起，以便执行其他异步操作
await	用于声明程序挂起。当异步程序执行到某一步时，如果需要等待较长的时间，可以使用await挂起当前操作，转而执行其他异步程序

说明：

○ True、False和None的首字母T、F和N必须大写，其余字母均为小写。

○ 可以查看所有关键字。例如：

```
import keyword
print(keyword.kwlist)  # 输出关键字列表
```

2.1.7 Python标识符

标识符用于标识包名、类名、变量名、模块名以及文件名等有效字符序列。Python语言规定标识符由字母、下画线和数字组成，并且第一个字符不能是数字。例如，在字符序列中：3max、class、room#、userName和User_name中，3max、room#、class不能作为标识符，因为3max以数字开头，room#包含非法字符"#"。此外，class是一个保留关键字，不能用作标识符。需要注意的是，标识符中的字母是区分大小写的，例如Radius和radius表示不同的标识符。

标识符应遵循以下命名规则。

(1) 标识符尽量采用有意义的字符序列，以便于从中识别出所代表的基本含义。

(2) 包名采用全小写的名词形式。

(3) 类名的首字母大写，通常由多个单词组合而成，每个单词的首字母也应大写，例如class HelloWorldApp。

(4) 接口名的命名规则与类名相同，例如interface Collection。

(5) 方法和函数名通常由多个单词组成，第一个单词通常为小写动词，后续每个单词的首字母应大写，例如balanceAccount和isButtonPressed。

(6) 变量名采用全小写形式，一般为名词，例如使用area表示面积变量，length表示长度变量等。

(7) 不建议使用系统内置的模块名、类型名或函数名，以及已导入的模块名及其成员名作为变量名，因为这可能会改变其类型和含义。可以通过dir(__builtins__)查看所有内置模块、类型和函数。

2.2　变量与数据类型

2.2.1　变量

1. 变量概述

与Java和C等语言不同，Python不需要事先声明变量名及其类型。Python中的变量是通过赋值来创建的。换言之，每个变量在使用前都必须先赋值，只有在赋值后，该变量才会被创建。

```
score=95         # 赋值整型变量
area=86.76       # 赋值浮点型变量
name="吴二"       # 赋值字符串变量
```

在以上示例中，95、86.76和"吴二"分别被赋值给变量score、area和name。

需要注意的是，Python中的变量并不直接存储值，而是存储了值的内存地址或引用。例如，赋值语句score=95的执行过程是：首先会在内存中分配空间以存放值95，然后创建变量score指向这个内存地址，如图2-4所示。

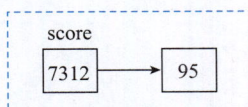

图 2-4　赋值语句

说明：

(1) 如果赋值语句右边是一个表达式，首先计算该表达式的值，然后在内存中分配空间以存放该值。

(2) Python允许同时为多个变量赋值。例如：

```
score1=score2=score3=95
```

在以上示例中，三个变量score1、score2和score3都指向同一块内存空间(即存储95的空间)，如图2-5所示。

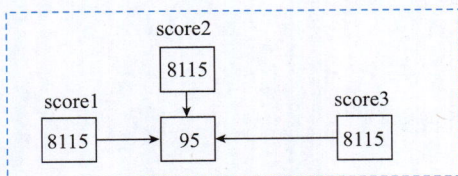

图 2-5　多变量赋值

【实例2-2】

```
# 程序名称：ppb2102.py
# 程序功能：展示多变量赋值
def main():
    score1=score2=score3=85
    print("score1的地址=",id(score1))
```

```
        print("score2的地址=",id(score2))
        print("score3的地址=",id(score3))
```

main()

输出结果为：

```
score1的地址=140730125348115
score2的地址=140730125348115
score3的地址=140730125348115
```

(3) 由于Python是按值分配存在空间，因此当变量的值发生变化时，变量对应的地址空间也会随之变化。

【实例2-3】

```
# 程序名称：ppb2103.py
# 程序功能：展示变量对应地址随值变化
def main():
    score=85
    print("score的地址=",id(score))
    score=90
    print("score的地址=",id(score))
    score=score+5
    print("score的地址=",id(score))
```

main()

输出结果为：

```
score的地址=1637447312
score的地址=1637447472
score的地址=1637447632
```

变量地址变化如图2-6所示。

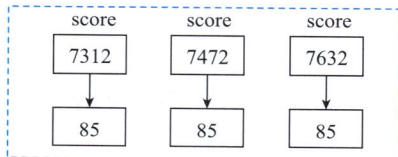

图2-6 变量地址变化

(4) 由于变量是指向值所在的存取空间，因此变量的类型是可以变化的。换言之，变量的类型是根据其所指向的值而决定的。

【实例2-4】

```
# 程序名称：ppb2104.py
# 程序功能：展示变量的类型改变
def main():
    score=85
    print(type(score))
    score="良好"
    print(type(score))
```

main()

输出结果为：

```
<class'int'>
<class'str'>
```

type( )函数用于返回变量的类型，本书后面会专门介绍。

(5) Python允许如下赋值：

```
score,area,name=95,86.76,"吴二"
```

以上语句将95、86.76和"吴二"分别赋给score、area和name。

2. 变量删除

在Python中，一切都是对象，变量是对对象的引用。通过de语句可以删除变量，从而解除对数据对象的引用。需要注意的是，del语句作用于变量，而不是数据对象本身。

```
a=1          # 对象1被变量a引用，对象1的引用计数器为1
b=a          # 对象1被变量b引用，对象1的引用计数器加1
c=a          # 1对象1被变量c引用，对象1的引用计数器加1
del a        # 删除变量a，解除a对1的引用
del b        # 删除变量b，解除b对1的引用
print(c)     # 最终变量c仍然引用1
```

del语句删除的是变量，而不是数据对象，如图2-7所示。

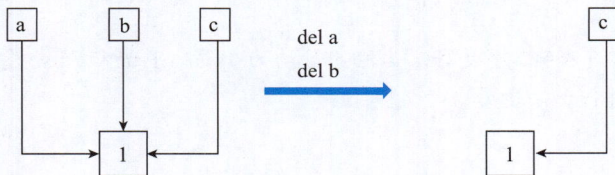

图 2-7　执行 del a 和 del b 前后对比图

2.2.2　数据类型概述

Python数据类型可分为Number(数字型)、str(字符串)、tuple(元组)、list(列表)、set(集合)和dictionary(字典)。其中Number又可分为int(整数)、bool(布尔型)、float(实数型)和complex(复数型)。Number(数字)、str(字符串)、tuple(元组)为不可变数据类型，其元素无法更改，任何更改操作实际上都会创建一个新的数据对象。list(列表)、set(集合)、dictionary(字典)为可变数据类型，其元素可以根据需要进行修改。Python数据类型的详细信息见表2-2。

表2-2　Python数据类型

数据类型	不可变类型	Number(数字型)	int(整数型)
			bool(布尔型)
			float(实数型)
			complex(复数型)
		str(字符串型)	
		tuple(元组型)	
	可变类型	list(列表型)	
		set(集合型)	
		dictionary(字典型)	

1. 整数型

整数型的常量可以表示为多种进制形式。

○ 十进制整数：例如12、–46和0。

○ 二进制整数：以0b或0B开头，例如0b11表示十进制数3。

○ 八进制整数：以0o或0O开头，例如0o123表示十进制数83，– 0o11表示十进制数–9。

○ 十六进制整数：以0x或0X开头，如0x123表示十进制数291，–0X12表示十进制数–18。

整型变量可以通过赋值来定义。例如：

```
>>>x=1                  # 定义整型变量x
>>>print(type(x))       # 结果为: <class 'int'>
```

2. 布尔型

布尔型常量有两个：True和False。

布尔型变量可以通过赋值来定义。例如：

```
>>>x=True                    # 定义布尔型变量x
>>>print(type(x))            # 结果为: <class 'bool'>
```

❖ **注意：**

在True和False中，T和F必须大写，其他字母均为小写。True和False是关键字，其值分别为1和0，可以和数字进行加法运算。

3. 实数型

实数型常量通常有两种表示方式：十进制数形式和科学计数法形式。

○ 十进制数形式：由数字和小数点组成，且必须包含小数点，如0.123、1.23和123.0。

○ 科学计数法形式：例如123e3或123E3，其中e或E之前必须有数字，后面的指数必须为整数。

实数型变量可以通过赋值来定义。例如：

```
>>>x=1.0                # 定义实数型变量x
>>>print(type(x))       # 结果为: <class 'float'>
```

❖ **注意：**

只要内存允许，Python可支持任意大小的数字。

【**实例2-5**】

```
# 程序名称：ppb2201.py
# 程序功能：展示任意大的数
def  main():
    x=999**100
    print(type(x))
    print(x)
    y=999.9**100
    print(type(y))
    print(y)

main()
```

输出结果为：

```
<class 'int'>
904792147113709042032214606239950347800488416333469929276204638572786486592967
687651442293753075422163470827543775910358772483632664400945560381166977421367930
719070025493287964466814926484039597545754315414878240893664782083624258068844252
058534978464632394104638107034879311771164010633049499000001
<class 'float'>
9.900493386913685e+299
```

说明：

x为int型，y为float型，x和y的值都足够大(展示了Python对任意大小数字的支持)。

4. 复数型

复数型常量的表示方式包括：1+1j、3+4j、5+6J等。

实数型变量可以通过赋值来定义。例如：

```
>>>x=3+4j                    # 定义复数型变量x
>>>print(type(x))            # 结果为：<class 'complex'>
```

5. 字符串型

字符串(str)是由数字、字母、下画线组成的有序字符序列。一般记为：

$$s = "a_1 a_2 \cdots a_n"(n \geq 0)$$

或

$$s = 'a_1 a_2 \cdots a_n'(n \geq 0)$$

可以看出，字符串可由单引号(')或双引号(")括起来。n为字符串的长度，$n=0$时为空串，$n=1$时为单字符串。Python没有单独的字符类型，可由单字符串替代。

Python还使用了转义字符常量，如\n表示换行。常见的转义字符常量详见表2-3。

表2-3　常见的转义字符常量

转义字符	含义
\ b	Backspace (退格)
\ t	Horizontal tab(Tab键)
\ n	Linefeed(换行)
\ f	Form feed(换页)
\ r	Carriage return(回车)
\ "	Double quote(双引号)
\ '	Single quote(单引号)
\ \	Backslash(反斜杠)
\(在行尾时)	续行符

字符串变量可以通过赋值来定义。例如：

```
>>>s='你好！Python'
```

有关字符串的使用在后面的章节中将详细介绍。

6. 元组型

元组(tuple)是由若干个元素构成的序列，使用小括号()标识。元组中的元素类型可以不相同，包含数字型、字符串型、列表型、元组型、集合型和字典型等。例如，元组(1,2,'first','second')中的元素包括整数型和字符串型。而元组(1 ,'first',['first','second'])中的元素包括整数型、字符串型和列表型。

元组型变量可以通过赋值来定义。例如：

```
>>>tup1=()                          # 空元组
>>>tup2=(1,)                        # 一个元素，注意需要在元素后添加逗号
>>>tup3=('优秀', '合格', '不合格')     # 三个元素
>>>print(type(tup3))                # 结果为：<class 'tuple'>
```

有关元组的使用在后面的章节中将详细介绍。

7. 列表型

列表(list)是由若干个元素构成的有序序列，使用中括号[]标识。与元组类似，列表中的元素类型也可以不相同，但与元组不同的是，列表的元素是可以修改的。

例如，列表[1,2,'first','second']中的元素包括整数型和字符串型；列表[1 ,'first',['first','second']]中的元素包括整数型、字符串型和列表型；而列表[1, 'first', ['first', 'second'], ('冠军', '亚军'), {1, 2, 3}]则包含数字型、字符串型、列表型、元组型和集合型。

列表型变量可以通过赋值来定义。例如：

```
>>>list1=()            # 空列表
>>>list2=[1,2,3]       # 定义列表型变量x
>>>print(type(list2))  # 结果为：<class 'list'>
```

有关列表的使用将在后面的章节中详细介绍。

8. 集合型

集合(set)是若干个元素构成的无序序列，由大括号{}标识。集合中元素类型可以多样化，包括数字型、字符串型和元组型，但不能包含列表型、集合型和字典型。例如，集合{1 ,'first',('冠军','亚军')}中的元素包括数字型、字符串型和元组型。

集合型变量可以通过赋值来定义，例如：

```
>>>set1={1,'first',('冠军','亚军')}     # 定义由多个元素构成的集合
>>>print(type(set1))                  # 结果为：<class 'set'>
```

有关集合的使用将在后面的章节中详细介绍。

9. 字典型

字典(dictionary)是一个无序的键(key)与值(value) 的集合，使用大括号{}标识。字典元素通过键(key)来存取，而不是通过索引存取。键必须使用不可变类型，并且在同一个字典中，键的类型可以不同，但键值不能相同。值的类型可以是任何数据类型，一个字典中的值可以具有不同的类型。

字典型变量可以通过赋值来定义。例如：

```
>>>dict1={}            # 创建空字典
>>>print(type(dict1))  # 结果为：<class 'dict'>
>>>dict2={1:'优秀',2:'良好',3:'及格',0:'不及格'}
>>>print(type(dict2))  # 结果为：<class 'dict'>
```

❖ **注意：**

set1={}是创建一个空字典，而不是空集合。要创建空集合，需要使用set( )函数。

有关字典的使用将在后面的章节中详细介绍。

【实例2-6】

```
# 程序名称：ppb2202.py
# 程序功能：测试列表、元组、集合和字典的定义

def testList():
    print("List.......................................")
    list1=[1,2,'first','second']
    print(type(list1))
    print(list1)
        list2=[1,'first',['first','second'],('冠军','亚军'),{1,2,3},{1:'优秀',2:'良
            好',3:'及格',0:'不及格'}]
    print(type(list2))
    print(list2)
    print(list2[:3])

def testTuple():
    print("Tuple......................................")
    tup1=(1,2,'first','second')
    print(type(tup1))
    print(tup1)
    tup2=(1,'first',['first','second'],('冠军','亚军'),{1,2,3},{1:'优秀',2:'良
        好',3:'及格',0:'不及格'})
    print(type(tup2))
    print(tup2)
    print(tup2[0:2])
    tup3=(1,)
    print(tup2[0:1])

def testSet():
    print("Set.......................................")
        # set1={1,'first',['first1','second'],('冠军','亚军'),{1,2,3},{1:'优秀',2:
            '良好',3:'及格',0:'不及格'}}
    set1={1,'first',('冠军','亚军')}
    print(type(set1))
    print(set1)
    set2={}
    print(type(set2))
    print(set2)
    # print(set1[0:2])

def testDict():
    print("Dictionary.................................")
    dict1={1:'优秀',2:'良好',3:'及格',0:'不及格'}
    print(dict1[1])          # 输出键为1的值
    print(dict1[2])          # 输出键为2的值
    print(dict1)             # 输出完整的字典
    print(dict1.keys())      # 输出所有键
    print(dict1.values())    # 输出所有值
    print(type(dict1))

    dict2={1:111,'s':"字符串",3:[1,2,3],4:(4,5,6),5:{7,8,9},6:{1:'优秀',2:'良好',
        3:'及格',0:'不及格'}}
    print(dict2[1])          # 输出键为1的值
    print(dict2['s'])        # 输出键为s的值
    print(dict2)             # 输出完整的字典
    print(dict2.keys())      # 输出所有键
    print(dict2.values())    # 输出所有值
    print(type(dict2))

def main():
    testList()
    testTuple()
```

```
        testSet()
        testDict()

main()
```

输出结果为：

```
Tuple.......................................
<class'tuple'>
(1,2,'first', 'second')
<class'tuple'>
(1, 'first', ['first', 'second'], ('冠军', '亚军'), {1, 2, 3}, {1: '优秀', 2:
'良好', 3: '及格', 0: '不及格'})
List........................................
<class 'list'>
[1,2,'first', 'second']
<class'list'>
[1,'first', ['first', 'second'], ('冠军', '亚军'), {1, 2, 3}, {1: '优秀', 2: '良
好', 3: '及格', 0: '不及格'}]
Set.........................................
<class 'set'>
{1, 'first', ('冠军', '亚军')}
<class 'dict'>
{}
Dictionary..................................
优秀
良好
{1:'优秀',2:'良好',3:'及格',0:'不及格'}
dict_keys([1, 2, 3, 0])
dict_values(['优秀', '良好', '及格', '不及格'])
<class 'dict'>
111
字符串
{1: 111, 'str': '字符串', 3: [1, 2, 3], 4: (4, 5, 6), 5: {8, 9, 7}, 6: {1: '优
秀', 2: 良好', 3: '及格', 0: '不及格'}}
dict_keys([1, 'str', 3, 4, 5, 6])
dict_values([111, '字符串', [1, 2, 3], (4, 5, 6), {8, 9, 7}, {1: '优秀', 2: '良
好', 3: '及格', 0: '不及格'}])
<class 'dict'>
```

【实例2-7】

```python
#  程序名称：ppb2202A.py
#  程序功能：如何判断值的数据类型
def main():
    #  方式1
    #  import types
    x=100
    print("result1=",type(x) is int)          #  判断是否int类型
    print("result2=",type(x) is str)          #  是否string类型

    #  方式2
    print("result3=",type(x)==str)            #  判断是否int类型
    print("result4=",type(x)==int)            #  是否string类型

    #  方式3
    print("result5=",type(x)==type(1))        #  判断是否int类型
    print("result6=",type(x)==type('a'))      #  是否string类型

    #  方式4：使用内嵌函数：
    #  isinstance( object, classinfo )
    lst=[1, 2, 3]
    print("result7=",isinstance(lst, list))
```

```
        print("result8=",isinstance(lst, (int, str, list)))

main()
```

输出结果为：

```
result1=False
result2=True
result3=False
result4=True
result5=True
result6=False
result7=True
result8=True
```

2.2.3　可变类型和不可变类型的内存分配区别

在Python中，可变类型和不可变类型在内存分配上具有以下特点。

1. 不可变类型的内存分配特点

对不可变类型的数据，当相同的值赋值给不同的变量，这些变量的id值相同。当给变量的赋值发生变化时，该变量对应的id值也会随之变化。

【实例2-8】

```
# 程序名称：ppb2203.py
# 程序功能：不可变类型的内存分配特点
def main():
    print("赋值变化前......")
    a1=2
    a2=2
    print("id(a1)=",id(a1))
    print("id(a2)=",id(a2))

    c1=3+2j
    c2=3+2j
    print("id(c1)=",id(c1))
    print("id(c2)=",id(c2))

    s1='Good'
    s2='Good'
    print("id(s1)=",id(s1))
    print("id(s2)=",id(s2))

    tup1=(1,2,3,4)
    tup2=(1,2,3,4)
    print("id(tup1)=",id(tup1))
    print("id(tup2)=",id(tup2))

    print("赋值变化后......")
    a1=3
    a2=3
    print("id(a1)=",id(a1))
    print("id(a2)=",id(a2))

    c1=3+4j
    c2=3+4j
    print("id(c1)=",id(c1))
    print("id(c2)=",id(c2))

main()
```

输出结果为：

```
id(a1)=140703763554992
id(a2)=140703763554992
id(c1)=2118875893584
id(c2)=2118875893584
id(s1)=2118877508080
id(s2)=2118877508080
id(tup1)=2118876119832
id(tup2)=2118876119832

赋值变化后......

id(a1)=140703763555024
id(a2)=140703763555024
id(c1)=2118875890960
id(c2)=2118875890960
```

说明：

(1) 这里讨论的数据类型为不可变数据类型，例如数字型、字符串型和元组型。

(2) 变量a1和a2被赋予相同值2，因此它们的id值相同。同样，当变量a1和a2被赋予相同值3后，它们的id值也会相同，但此时的id值与被赋值为2时的id值不同。

(3) 变量c1和c2、s1和s2，以及tup1和tup2的情况类似。

2. 可变类型的内存分配特点

对于可变类型的数据，当相同的值赋值给不同变量时，这些变量的id值是不相同的。同样，如果将相同的值多次赋值给同一变量，该变量的id值也会发生变化。

【实例2-9】

```
# 程序名称：ppb2204.py
# 程序功能：可变类型的内存分配特点
def main():
    # 多次赋值给同一变量
    list1=[1,2,3]
    print("id(list1)=",id(list1))
    list1=[1,2,3]
    print("id(list1)=",id(list1))
    list1=[1,2,3]
    print("id(list1)=",id(list1))

    # 赋值给不同变量
    list1=[1,2,3]
    list2=[1,2,3]
    print("list1==list2 ?",list1==list2)
    print("id(list1)==id(list2) ?",id(list1)==id(list2))
    print("id(list1[0])==id(list2[0]) ?",id(list1[0])==id(list2[0]))
    print("id(list1[1])==id(list2[1]) ?",id(list1[1])==id(list2[1]))
    print("id(list1[2])==id(list2[2]) ?",id(list1[2])==id(list2[2]))

main()
```

输出结果为：

```
id(list1)=1671986744704
id(list1)=1671988016192
id(list1)=1671986744704
list1==list2 ?True
id(list1)==id(list2) ? False
```

```
id(list1[0])==id(list2[0]) ?True
id(list1[1])==id(list2[1]) ?True
id(list1[2])==id(list2[2]) ?True
```

说明：

(1) 这里的数据类型为可变数据类型(如列表型)。

(2) 相同内容[1,2,3]多次赋给list1，但其对应的id值是不同的。

(3) list1[i]和list2[i]存储的是数字1的存储地址，因此它们的id值相同，i=0,1,2。

(4) 将[1,2,3]分别赋给list1和list2后，list1和list2的内容相同，但它们的id值却不同。这是因为如果创建的对象是可变的(例如列表)，可以用相同的内容物创建不同的对象。因此，list1和list2是不同的对象，具有不同的id，但内容相同，即list1[i]=list2[i]，且id(list1[i])=id(list1[i])，当i=0,1,2时，如图2-8所示。

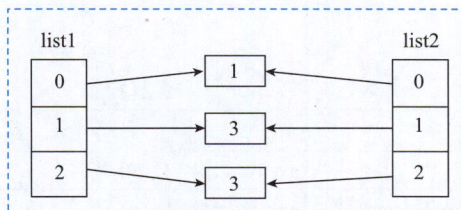

图2-8 相同内容不同对象的情况

2.2.4 数据类型转换

数据类型转换是指将一种数据类型转换成另外一种数据类型。例如，将数字型123转换为字符串'123'。在Python中，可利用一系列内置函数实现这些类型转换。例如：

```
>>>chr(123)        # 数字型123转换成字符串'123'
>>>tuple([1,2,3])  # 将列表[1,2,3]转换成元组(1,2,3)
```

常见的数据类型转换函数详见表2-4。

表2-4 常见数据类型转换函数

函数	功能描述
int(x [,base])	将x转换为一个整数
float(x)	将x转换为一个浮点数
complex(real [,imag])	创建一个复数
str(x)	将对象 x 转换为字符串
repr(x)	将对象 x 转换为表达式字符串
eval(str)	计算字符串中的有效Python表达式，并返回一个对象
tuple(s)	将序列 s 转换为一个元组
list(s)	将序列 s 转换为一个列表
set(s)	将序列s转换为一个可变集合
dict(d)	创建一个字典(d 必须是一个包含(key,value)元组的序列)
frozenset(s)	将序列s转换为一个不可变集合
chr(x)	将一个整数转换为一个字符
ord(x)	将一个字符转换为它的整数值

(续表)

函数	功能描述
hex(x)	将一个整数转换为一个十六进制字符串
oct(x)	将一个整数转换为一个八进制字符串

2.3 运算符和表达式

2.3.1 算术运算符与算术表达式

Python的算术运算符主要包括二元运算符(如+、−、*、/、%、**和//)，详见表2-5(该表中假设a=15，b=35)。

表2-5 Python算术运算符

运算符	功能描述	实例
+	两个对象相加	a + b 输出结果 50
−	得到负数或是一个数减去另一个数	a−b 输出结果 −20
*	两个数相乘或是返回一个被重复若干次的字符串	a * b 输出结果525 "Hello"*2结果为HelloHello
/	x除以y	b / a 输出结果 2.33
%	返回除法的余数	b % a 输出结果 5
**	返回x的y次幂	b**a为35的15次方，输出结果1448840792829284667968 75
//	返回商的整数部分(向下取整)	>>>b//a #结果为2 >>>-b//a #结果为-3

> ❖ **注意：**
>
> (1) "+"运算符除了用于算术加法外，还可以用于列表、元组、字符串的连接(需要注意的是，它不支持不同类型的对象之间进行相加或连接)。例如：
>
> ```
> >>>[1, 2, 3]+['a', 'b', 'c']              # 连接两个列表
> [1, 2, 3, 'a', 'b', 'c']
> >>>(1, 2, 3)+(4,)                         # 连接两个元组
> (1, 2, 3, 4)
> >>>'Python'+'3.6.5'                       # 连接两个字符串
> 'Python3.6.5'
> >>>dict1={}                              # 创建空字典
> >>>[1, 2, 3]+(4,)                         # 不支持列表与元组相加，抛出异常
> TypeError: can only concatenate list (not "tuple") to list
> ```
>
> (2) "*"运算符除了用于算术乘法外，还可以用于列表、元组或字符串与整数相乘，表示将序列复制整数倍，生成新的序列对象(需要注意的是，由于字典和集合的元素不允许重复，因此它们不支持与整数的相乘)。例如：
>
> ```
> >>>['a', 'b', 'c'] * 3
> ['a', 'b', 'c', 'a', 'b', 'c', 'a', 'b', 'c']
> >>>(1, 2, 3) * 3
> ```

```
(1, 2, 3, 1, 2, 3, 1, 2, 3)
>>>'abc' * 5
'abcabcabcabcabc'
```

2.3.2　关系运算符与关系表达式

Python中的关系运算符用于比较两个值的关系，其运算结果为bool(布尔)型数据。当运算符所表示的关系成立时，运算结果为True；否则，结果为False。Python中的关系运算符详见表2-6。

表2-6　Python关系运算符

运算符	表达式	返回True的情况
>	op1>op2	op1大于op2
>=	op1>=op2	op1大于或等于op2
<	op1<op2	op1小于op2
<=	op1<=op2	op1小于或等于op2
==	op1==op2	op1与op2相等
!=	op1!=op2	op1与op2不等

说明：

(1) Python关系运算符可以连用。在多个关系运算符连用时，具有惰性求值(或逻辑短路)的特性，即从左向右运算时，一旦遇到部分结果为False，将终止后续计算，并直接返回False作为最终结果。例如：

```
>>>2<6<8          # 等价于2<6 and 6<8
True
>>>2<8>6          # 等价于2<8 and 8>6
True
>>>2>6<8          # 等价于2>6 and 6<8
False
```

(2) 在比较实数型数据是否相等时，不宜使用x==y，而应使用判断两个数之差的绝对值是否小于一个很小的数的方式，例如abs(x-y)<=0.000001(这里abs( )是用于计算绝对值的函数)。

2.3.3　逻辑运算符与逻辑表达式

Python中的逻辑运算符详见表2-7。

表2-7　Python逻辑运算符

运算符	逻辑表达式	描述
and	x and y	布尔"与"：如果x为False，则x and y返回False；否则返回y的计算值
or	x or y	布尔"或"：如果x非0，则返回x的值；否则返回y的计算值
not	not x	布尔"非"：如果x为True，返回False；如果x为False，返回True

说明：

Python的逻辑运算符具有惰性求值(或逻辑短路)的特性。在and运算中，如果左侧操作元为False，则运算终止，不会计算右侧操作元，最终该and运算为False。在or运算中，如果左侧操作元为True，运算会终止，不会计算右侧操作元，最终该or运算为True。

```
>>>6<2 and 8
False
>>>2<6 or 8
True
>>>2<6 and 8
8
>>>6 or 2>8
6
```

2.3.4　赋值运算符与赋值表达式

1. 赋值运算符

赋值运算符"="是一个双目运算符，其左侧的操作元必须是变量，而右侧的操作元可以是常量、变量，或由常量和变量构成的表达式。其使用格式如下：

变量=表达式
变量1,变量2,...,变量n=表达式1，表达式2,...,表达式n

赋值运算符的作用是将一个表达式的值赋给一个变量。以下是一些示例。

- a=10是将常量10赋值给变量a。
- a=x是将变量x的值赋值给变量a。
- a=x+10是将表达式x+10的计算结果赋值给变量a。
- x,y=1,20是将常量1和20分别赋值给变量x和y。

2. 复合赋值运算符

复合赋值运算符是在赋值运算符前加上其他运算符的一种运算符。常见的复合赋值运算符包括+=、-=、*=、/=和%=等，具体用法如下：

- x+=1等价于x=x+1。
- x*=y+z等价于x=x*(y+z)。
- x/=y+z等价于x=x/(y+z)。
- x%=y+z等价于x=x%(y+z)。
- x**=y等价于x=x**y。
- x//=y等价于x=x//y。

3. 赋值表达式

赋值表达式的一般形式如下：

<变量><赋值运算符><表达式>

上式中<表达式>可以是一个赋值表达式。例如，x=(y=8) 括号内的表达式是一个赋值表达式，其值为8。因此，整个式子相当于x=8，最终赋值表达式的结果也是8。又如，a=b=c=5可使用一个赋值语句同时将变量a、b、c都赋值为5。这是因为"="运算符会先计算右侧的表达式值，因此c=5的值为5，然后该值被赋给b，并依次再赋给a。这种赋值方式是给一组变量赋予

相同值的简单方法。

> ❖ **特别提示:**
>
> 　　利用多变量赋值功能，可以在交换两个变量的值时，无须借助中间变量，从而提升代码的执行效率。

下面举例说明。

【实例2-10】

```python
# 程序名称：ppb2301.py
# 程序功能：演示两个变量进行值交换的两种方式
import time
# 方式1：使用多变量赋值方式实现值交换
def method1():
    start_time=time.time()
    size1=1000000
    for_in range(size1):
        a=3
        b=5
        a,b=b,a
    print("方式1的总时间=",time.time()-start_time)
# 方式2：使用中间变量进行值交换
def method2():
    start_time=time.time()
    size1=1000000
    for_in range(size1):
        a=3
        b=5
        temp=a
        a=b
        b=temp
    print("方式2的总时间=",time.time()-start_time)

def main():
    method1()
    method2()

main()
```

在以上示例中，函数method1()使用多变量赋值来实现两个变量的值交换，而函数method2()则采用中间变量来实现两个变量值的交换。前者没有使用中间变量，执行效率相对更高。

2.3.5　位运算符

　　Python的位运算符主要作用于基本数据类型，包括byte、short、int、long和char。位运算符包括：位与(&)、位或(|)、位非(~)、位异或(^)、左移(<<)及右移(>>)。

　　Python位运算符的详细信息见表2-8。

表2-8　Python位运算符

运算符	表达式	功能描述
&	op1 & op2	二元运算，按位与，参与运算的两个操作元，如果两个相应位都为1(或True)，则该位的结果为1(或True)，否则为0(或False)

（续表）

运算符	表达式	功能描述
|	op1 | op2	二元运算，按位或，参与运算的两个操作元，如果两个相应位有一个为1(或True)，则该位的结果为1(或True)，否则为0(或False)
^	op1 ^ op2	二元运算，按位异或，参与运算的两个操作元，如果两个相应位的值相反，则该位的结果为1(或True)，否则为0(或False)
~	~ op1	一元运算，对数据的每个二进制位按位取反
<<	op1 << op2	二元运算，操作元op1按位左移op2位，每左移一位，其数值加倍
>>	op1 >> op2	二元运算，操作元op1按位右移op2位，每右移一位，其数值减半

有关左移(<<)和右移(>>)移位运算符的说明如下。

　○　操作元必须是整型类型的数据。

　○　左侧的操作元称为被移位数，右侧的操作元称为位移量。

假设a是一个被移位的整型数据，n是位移量。表达式a<<n的运算结果是将a的所有位都左移n位，每左移一个位，左侧的高阶位上的0或1会被移出并丢弃，并用0填充右侧的低位。

2.3.6　成员运算符

成员运算符用于测试某个元素是否是字符串、列表、元组、集合或字典的成员。

Python成员运算符的详细信息见表2-9。

表2-9　Python成员运算符

运算符	功能描述	实例
in	如果在指定的序列中找到值，则返回True，否则返回 False	x=1 y=(1,2,3,4) x in y 返回True
not in	如果在指定的序列中没有找到值，则返回True，否则返回 False	x=5 y=(1,2,3,4) x not in y 返回True

2.3.7　身份运算符

身份运算符用于比较两个对象的存储单元。

Python身份运算符的详细信息见表2-10。

表2-10　Python身份运算符

运算符	功能描述	实例
is	判断两个标识符是否引用同一个对象(x is y，类似 id(x) == id(y))，如果引用的是同一个对象，则返回True，否则返回False	x=y=2 x is y返回 True
is not	判断两个标识符是否引用不同的对象(x is not y，类似 id(x) != id(y))，如果引用的不是同一个对象则返回True，否则返回 False	x=2 y=3 x is not y返回 True

　　"is"和"=="是有区别的："is"用于比较对象的身份(内存地址)是否相等，用来判断变量是否指向同一个对象；而"=="用于比较对象的内容(值)是否相等。

　　以下举例说明：

```
print(True==1)          # True
print(True is 1)        # False
list1=[1,2,3]
list2=[1,2,3]
print(list1==list2)     # True
print(list1 is list2)   # False
```

　　在以上示例中，虽然True和1的内容相同，但它们是不同的对象；同样，list1和list2的内容虽然相同，但它们也是不同的对象。

2.3.8　运算符优先级

　　Python的一般表达式是由运算符和操作元按照Python规则连接而成的，简称为表达式。一个Python表达式必须能够求值，即按照运算符的计算法则可以计算出其值。

　　运算符优先级决定了同一表达式中多个运算符被执行的先后次序。例如，乘法和除法运算优先于加减运算，同一级别的运算符具有相同的优先级。运算符的结合性则决定了相同优先级的运算符的执行顺序。在Python 语言中，大部分运算符是从左向右结合的，只有单目运算符、赋值运算符和三目运算符例外，它们的运算顺序是从右向左。例如，乘法和加法是两个可结合的运算符，这意味着这两个运算符左右两侧的操作数可以互换位置，而不会影响结果。

　　Python语言中各运算符的优先级详细信息见表2-11。

表2-11　运算符优先级

运算符	功能描述	优先级
(),[]	括号	1
x.attrbute	属性访问	2
**	指数	3
~	按位取反	4
+,-	符号运算符(正号、负号)	5
*, /, %, //	乘、除、取模和取整除	6
+,-	加法和减法	7
>>, <<	右移和左移运算符	8
&	按位与	9
^	按位异或	10
|	按位或	11
==, !=, <=, <, >, >=	比较运算符	12
=,%=, /= ,//=, -= ,+=, *=, **=	赋值运算符	13
is ,is not	身份运算符	14
in ,not in	成员运算符	15
not	逻辑非	16
and	逻辑与	17

(续表)

运算符	功能描述	优先级
or	逻辑或	18
lambda	lambda表达式	19

说明：

(1) 表2-11中运算符对应的优先级数值越低，表示优先级越高。在同一个表达式中，运算符优先级高的运算符会优先执行。

(2) 注意区分正负号和加减号，以及按位与和逻辑与的区别。

(3) 在实际的开发中，无需刻意记忆运算符的优先级，也不必过于依赖运算符的优先级。在不确定优先级时，使用小括号来明确运算顺序。

从表2-11可以看出，括号优先级最高。当无法确定某种计算的执行次序时，可以通过添加括号来明确指定运算顺序。过度依赖运算符的优先级会影响表达式的可读性，因此应尽量使用小括号"( )"来控制表达式的执行顺序。这不仅可以减少错误的发生，也是提高程序可读性的有效方法。

接下来举例说明：

```
>>>x=1
>>>y=2
>>>z=3
>>>print(y>x or x>z and y>z)
```

对表达式y>x or x>z and y>z而言，由于比较运算符的优先级高于逻辑运算符的优先级，因此首先依次计算y>x、x>z、y>z，结果分别为True、False和False。接着，对逻辑运算符and和or来说，and优先级高，因此先计算False and False，结果为False，然后计算True or False，最终结果为True。

一些初学者由于对运算符优先级的理解不够深入，往往会误认为结果应该是False，以为先进行or运算，得到True or False的结果为True，然后再进行and运算，最终结果为False。

因此，这样的表达式对初学者来说可读性较差，难以理解。建议在表达式中加上括号。例如将上述表达式修改为(y>x) or ((x>z) and (y>z))，这样比较容易理解。

2.4　条件控制与循环语句

2.4.1　条件控制语句

1. if…else语句

格式如下：

```
if 表达式:
    语句块1
else:
    语句块2
```

图2-9展示了if…else语句的执行过程。

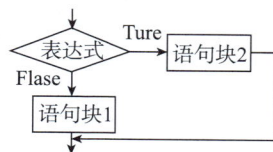

图 2-9　if…else 语句执行过程示意图

❖ 提示：

(1) 在if语句中，表达式为0、None，或为空串、空列表、空元组、空字典、空集合等空值时，结果为False；在其他情况下，结果为True。

(2) 使用if…else语句可以实现三元操作。三元操作的主要形式为：

```
a=x if expression else y
```

该三元操作语句的含义如下。

- 当expression返回值为True时，执行语句a=x。
- 当expression返回值为False时，执行语句a=y。

2. 多条件if…elif…else语句

格式如下：

```
if表达式1:
    语句块1
elif表达式2:
    语句块2
    ...
elif表达式n:
    语句块n
else:
    语句快m
```

图2-10展示了多条件if…elif…else语句的执行过程。

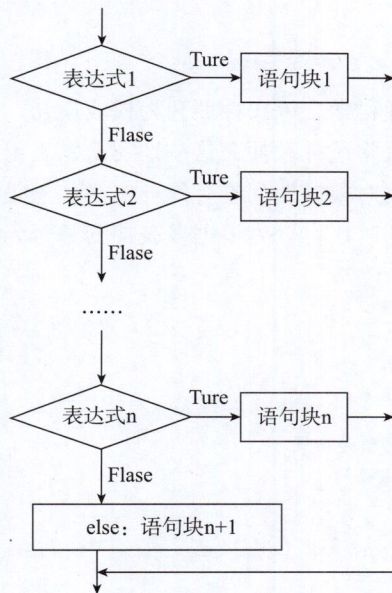

图 2-10　多条件 if…elif…else 语句执行过程示意图

【实例2-11】

如果一个学生的分数在区间[90, 100]，则显示"优秀"；在区间[80, 89]，则显示"良好"；在区间[70, 79]，则显示"中等"；在区间[60, 69]，则显示"及格"；否则显示"不及格"。示例代码如下：

```
# 程序名称：ppb2402.py
# 功能：演示if…elif…else的使用
def main():
    score=int(input("输入分数: "))
    if 90<=score<=100:
        s1="优秀"
    elif score>=80:
        s1="良好"
    elif score>=70:
        s1="中等"
    elif score>=60:
        s1="及格"
    else:
        s1="不及格"
    print(score,"对应的等级为",s1)

main()
```

❖ 特别提示：

　　提高运行效率的小技巧之一是尽量利用if条件的短路特性。

　　if条件的短路特性是指在类似if a and b这样的语句中，当a为False时，程序会直接返回，不再计算b；而在if a or b这样的语句中，当a为True时将直接返回，不再计算b。因此，为了节约运行时间，在or语句中，应该将值为True可能性比较高的变量写在or前面，而在and语句中，则应将可能为False的变量放在前面。

下面举例说明。

【实例2-12】

　　某高校经管学院规定"管理科学"等10种期刊为权威期刊，对教师发表在这些期刊的文章将给予奖励。因此，每年末学院将统计教师在这些期刊上发表论文的情况。目前，社会上只有核心期刊和非核心期刊的划分，对权威期刊没有统一定义。一般说来，权威期刊必定是核心期刊。因此，在利用程序进行统计时，可以先根据发表期刊是否为核心期刊进行过滤，然后再判断是否为权威期刊，以提高效率。

　　示例代码如下：

```
# 程序名称：ppb2402B.py
# 功能：演示if条件的短路特性

# 推荐写法，充分利用if条件的短路特性
def stat1(papers,journals):
    result=[]
    for v in papers:
        if v[3]=="核心" and v[2] in journals: # 利用if条件的短路特性
            result.append(v)
    return result

# 不推荐写法，未利用if条件的短路特性
def stat2(papers,journals):
    result=[]
    for v in papers:
        if v[2] in journals:                 # 没有利用if条件的短路特性
            result.append(v)
    return result

def main():
```

```
journals={"权威1","权威2","权威3","权威4","权威5","权威6","权威7","权威8","权威
        9","权威10"}
papers=[("张三","论文1","权威1","核心"),("李四","论文2","期刊2","普刊"),("王五",
        "论文3","权威3","核心")]
print(stat1(papers,journals))
print(stat2(papers,journals))

main()
```

说明：

(1) 在函数stat1()中，条件判断语句

```
if v[3]=="核心" and v[2] in journals:
```

利用if条件的短路特性，过滤了一些非核心期刊的成果。

(2) 在函数stat2()中，条件判断语句

```
if v[2] in journals:
```

没有利用if条件的短路特性。实际上，普通期刊不可能出现在权威期刊集合中，因此对普通期刊来说v[2] in journals的结果总是False，这种判断是多余的。

2.4.2　循环语句

1. while循环

while循环用于在条件满足(表达式为真)时执行特定语句块。while循环的一般格式如下：

```
while 表达式:
    语句块while
```

或

```
while 表达式:
    语句块while
else:
    语句块else
```

当表达式为True时，执行while的"语句块while"；如果表达式为False且包含else语句，则执行else的"语句块else"，如图2-11所示。

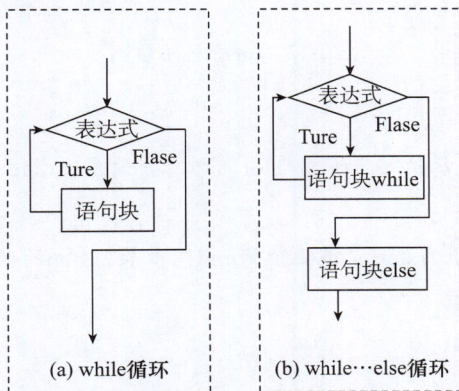

图 2-11　while 循环示意图

❖ 提示：

在while循环中，表达式为不为0的任何值时都为真。相反，当表达式为0、None，或是空列表、空元组、空字典、空集合等空值时，则被视为假。

2. for循环

for循环用于遍历某一序列中的每一个元素。在有序序列中，它会从第一个元素开始，依次访问该序列对象中的每一个元素；而在非有序序列中，它则可以随机访问该序列对象中的每一个元素。for循环的一般格式如下：

```
for 变量 in 序列：
    语句块for
```

或

```
for 变量 in 序列：
    语句块for
else：
    语句块else
```

当序列尚未遍历完毕时，将执行for的"语句块for"；如果序列遍历完成且包含else语句，则会执行else的"语句块else"，如图2-12所示。

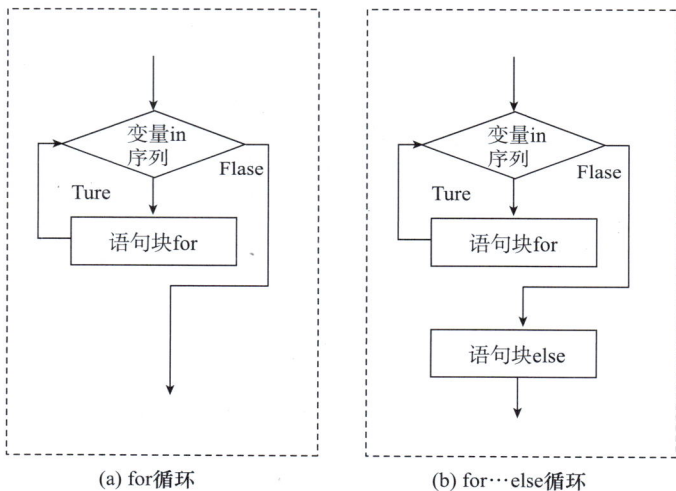

(a) for循环   (b) for…else循环

图 2-12   for 循环示意图

说明：

(1) range( )函数常用于生成数列，通常与for循环配合使用。range( )函数的格式为：

```
range(start,end[,step])
```

其作用为生成一个初始值为start，截止值为end，步长为step的数列。当省略step时，步长默认为1。生成的数列不包括end。

```
>>>for i in range(5,9):
    print(i, end=" ")
```

输出结果为：

```
5 6 7 8
>>>
```

(2) 序列也可以是列表、元组、集合、字典等。例如：

```
dic={'name':'lsj','age':18,'gender':'male','mp':"135000"}
for k in dic:    # for 循环默认取的是字典的key赋值给变量名k
    print(k,dic[k])
set1={1,2,3,5}
for i in set1:
    print(i)
list1=[1,2,3,5]
for i in list1:
    print(i)
```

【实例2-13】

利用for循环编写一个程序，实现以下功能：求1~n之间能被m整除的整数的和。

示例代码如下：

```
# 程序名称：ppb2403.py
# 功能：演示for循环应用
def main():
    n=20
    m=5
    sum=0
    for i in range(0,n+1):
        if (i%m==0):
            sum=sum+i
    print("sum=",sum)

main()
```

【实例2-14】

利用while循环编写一个程序，实现以下功能：求1~n之间能被m整除的整数的和。

示例代码如下：

```
# 程序名称：ppb2404.py
# 功能：演示while循环应用
def main():
    n=20
    m=5
    sum=0
    i=1
    while  i <=n:
        if (i%m==0):
            sum=sum+i
        i=i+1
    print("sum=",sum)

main()
```

3. 嵌套循环

嵌套循环指的是在一个循环语句的代码块中再嵌入另一个循环。其主要形式如下：

```
# for嵌套循环
for variable1 In sequence1:
  for variable2 in sequence2:
      statements2
  statements1
# while嵌套循环
while expression:
    while expression:
```

```
    statement (s)
```

下面举例说明。

【实例2-15】

以下代码利用嵌套循环输出九九乘法表：

```
# 程序名称：ppb2404B.py
# 功能：演示嵌套循环的应用
def main():
    for i in range(1,10):
        for j in range(1,i+1):
            print(i,"×",j,"=",i*j,end="")
        print("")
main()
```

输出结果为：

```
1×1=1
2×1=2  2×2=4
3×1=3  3×2=6   3×3=9
4×1=4  4×2=8   4×3=12  4×4=16
5×1=5  5×2=10  5×3=15  5×4=20  5×5=25
6×1=6  6×2=12  6×3=18  6×4=24  6×5=30  6×6=36
7×1=7  7×2=14  7×3=21  7×4=28  7×5=35  7×6=42  7×7=49
8×1=8  8×2=16  8×3=24  8×4=32  8×5=40  8×6=48  8×7=56  8×8=64
9×1=9  9×2=18  9×3=27  9×4=36  9×5=45  9×6=54  9×7=63  9×8=72  9×9=81
```

❖ 特别提示：

对于嵌套循环，应尽量减少内层循环的计算量以提高整体运行效率。

下面举例说明。

【实例2-16】

```
# 程序名称：ppb2404C.py
# 功能：演示嵌套循环应用的注意事项

# fun1：外层循环的计算语句放入内层循环
def fun1():
    size=10000
    for x in range(size):
        for y in range(size):
            z=x**3+y**3

# fun2：外层循环的计算语句移出内层循环
def fun2():
    size=10000
    for x in range(size):
        xt=x**3
        for y in range(size):
            z=xt+y**3
def main():
    fun1()
    fun2()
main()
```

说明：

以上代码中，fun1()和fun2()函数实现了相同的功能，但fun1()函数将外层循环的计算语句x**3放入内层循环，导致重复计算。因此，fun1()函数的执行速度比fun2()函数低很多。

2.4.3　跳转语句

跳转语句包括break语句和continue语句。

1. break语句

在Python语言中，break语句用于跳出当前循环，并从紧跟该循环的第一条语句处继续执行。break语句的示例代码如下。

【实例2-17】

```
# 程序名称：ppb2405.py
# 功能：演示break应用
def main():
    n=50
    i=1
    while  i<=n:
        if (i%5==0):
            break
        print(i,"不能被5整除！！")
        i=i+1

main()
```

输出结果为：

```
1不能被5整除！！
2不能被5整除！！
3不能被5整除！！
4不能被5整除！！
```

说明：

- 此程序的功能为判断1~n之间的数是否能被5整除。如果能被5整除，则终止循环；否则，输出该数。
- 由于当i=5时能被5整除，此时if语句的条件表达式为True，因此执行break语句，跳出循环。
- 此程序与ppb2407.py的唯一区别在于将break替换为continue语句，而这一改动导致了两者功能上的显著差异。

❖ 注意：

当执行break 语句跳出for或while循环时，任何与循环对应的 else 块将不会被执行。

【实例2-18】

```
# 程序名称：ppb2406.py
# 功能：演示break对for或while的else语句块的影响
def main():
    n=10
    i=1
    import random
    while i <=n:
        num=random.randint(0,99)
        if (num%5==0):
            break
        print(num,"不能被5整除!!")
        i=i+1
```

```
        else:
            print("循环正常终止!!!")
        print("程序结束!!!")

main()
```

某次输出结果(记为情况A):

```
84不能被5整除!!
77不能被5整除!!
64不能被5整除!!
53不能被5整除!!
91不能被5整除!!
78不能被5整除!!
程序结束!!!
```

某次输出结果(记为情况B):

```
76不能被5整除!!
96不能被5整除!!
93不能被5整除!!
91不能被5整除!!
78不能被5整除!!
77不能被5整除!!
49不能被5整除!!
3不能被5整除!!
59不能被5整除!!
99不能被5整除!!
循环正常终止!!!
程序结束!!!
```

说明:

- 此程序的功能是生成一个随机整数并判断其是否能被5整除。如果能够被5整除,则程序终止;否则,输出该数。利用while循环控制生成随机整数的次数(共n次)。

- 当n次生成的随机整数都不能被5整除时,while循环正常结束,此时会执行与while对应的else语句块,输出"循环正常终止!!!"(如情况B所示)。

- 当在小于n的第i次生成的随机整数都能被5整除时,执行break语句终止while循环,此时不会执行与while对应的else语句块,因此不会输出"循环正常终止!!!"(如情况A所示)。

2. continue语句

continue语句用于结束本次循环,跳过循环体中尚未执行的语句,然后进行终止条件的判断,以决定是否继续循环。

【实例2-19】

将ppb2405.py中的break语句替换为continue语句,其他语句保持不变,以观察continue语句的影响。

```
# 程序名称: ppb2407.py
# 功能: 演示continue应用
def main():
    n=50
    i=1
    while i <=n:
        if (i%5==0):
            continue
        print(i,"不能被5整除!!")
        i=i+1
```

```
main()
```

输出结果为：

```
1不能被5整除！！
2不能被5整除！！
3不能被5整除！！
4不能被5整除！！
死循环.......
```

说明：

此程序的功能为判断1~n之间的数是否能被5整除。如果不能被5整除，则输出该数。如果能被5整数，则执行continue语句，转向执行条件判断"i<=n"。由于i=i+1语句未被执行，因此当i=5时，程序会因无法增加i的值而陷入死循环。

2.5　综合应用

上大学期间，学生必须在足球、篮球、排球等项目中选修一门课程，以满足毕业的体育课程要求。现对某班同学的选修情况进行统计，要求输出选修某项体育项目的人数、占比以及学生名单。

【实例2-20】

```
# 程序名称：ppb2501.py
# 程序功能：综合应用案例
def  stat1():
    n=int(input("输入班级人数n="))
    n_f=0        # 记录选修足球的人数
    n_b=0        # 记录选修篮球的人数
    n_v=0        # 记录选修排球的人数
    n_o=0        # 记录选修其他的人数
    items_f=""   # 记录选修足球的人名
    items_b=""   # 记录选修篮球的人名
    items_v=""   # 记录选修排球的人名
    items_o=""   # 记录选修其他的人名
    for i in range(1,n+1):
        stdname=input("姓名: ")
        while True:
            subjects=input("选修项目[1.足球,2.篮球,3.排球,0,其他]: ")
            if subjects in ("1","2","3","0"): break
            else: print("输入体育项目代号错误！！！！请重输")
        if subjects=="1":
            n_f=n_f+1
            items_f=items_f+stdname+""
        elif subjects=="2":
            n_b=n_b+1
            items_b=items_b+stdname+""
        elif subjects=="3":
            n_v=n_v+1
            items_v=items_v+stdname+""
        else:
            n_o=n_o+1
            items_o=items_o+stdname+""

    print("选修足球的人数: ",n_f,"占比: ",n_f/n,"名单: ",items_f)
```

```
        print("选修篮球的人数：",n_b,"占比：",n_b/n,"名单：",items_b)
        print("选修排球的人数：",n_v,"占比：",n_v/n,"名单：",items_v)
        print("选修其他的人数：",n_o,"占比：",n_o/n,"名单：",items_o)

def main():
    stat1()

main()
```

2.6　本章小结

本章介绍了Python语言的基础知识，主要包括以下内容：Python注释、关键字、标识符、常量和数据类型、运算符和表达式，以及各种语句(包括分支语句、循环语句和跳转语句)等。

2.7　思考和练习

1. 简述注释的主要功能与作用。

2. 判断下列哪些是标识符。

(1) 3class　　　　　　　(2) byte　　　　　　　(3) ? room

(4) Radius　　　　　　　(5) radius　　　　　　(6) class

3. 使用if…elif…else语句编写一个程序，实现以下功能：当输入月份为1、2、3时，输出"春季"；当输入月份为4、5、6时，输出"夏季"；当输入月份为7、8、9时，输出"秋季"；当输入月份为10、11、12时，输出"冬季"。

4. 编写一个程序以输出乘法口诀表(乘法口诀表的部分内容如下)。

```
1*1=1
1*2=2 2*2=4
1*3=3 2*3=6 3*3=9
1*4=4 2*4=8 3*4=12 4*4=16
...
```

5. 编写程序以实现图2-13所示的效果。

```
                    A
                B       C
            D       E       F
        G       H       I       J
        K       L       M       N
            O       P       Q
                R       S
                    T
```

图 2-13　效果图

6. 使用for语句和while语句编写求阶乘的程序(即$n!=1\times2\times3\times\cdots\times n$)。

7. 编写一个程序，利用简单迭代法求解以下方程：

$$x^3-15x+14=0$$

8. 复习break和continue语句，并调试本章中涉及这两个语句的相关程序。

第 3 章

函数与模块

函数是一组实现特定功能的语句集合。在Python语言中，函数调用时的参数传递具有独特性，主要分为位置参数、默认参数、关键字参数和可变参数等。函数可以进行非递归调用，也可以进行递归调用。此外，Python支持定义无名函数，并可以将函数应用于序列，进行累积迭代调用。模块是一组Python代码的集合，通常用于定义一些公用函数和变量等。使用模块可以提高代码的可维护性和开发效率，同时避免函数名和变量名之间的冲突。

本章学习目标：
- 理解并掌握函数的含义及其应用
- 理解并掌握模块的含义及其应用

3.1 函数

函数是实现特定功能的一组语句集合。在Python中使用函数不仅可以完成特定的任务，还能提高代码的重用性，从而提升程序开发的效率。Python提供了许多内部函数，用户也可以根据需要自定义函数。

3.1.1 函数定义和调用

1. 函数定义格式

在Python中，定义函数使用def关键字，其一般格式如下：

```
def 函数名(参数列表)：
    函数体
```

说明：

(1) def是用于定义函数的关键字。与C语言不同，def是一个可执行的语句。当Python解释器执行def时，会创建一个类型为function的对象，并将其绑定到指定的函数名上。

(2) 函数名由用户自定义，最好具备一定的含义，以便通过名称大致了解该函数的功能，也就是"顾名思义"。

(3) 参数列表中定义了传递给函数的参数，即形式参数(简称形参)。参数并不是必需的，即使没有参数，函数名称之后的小括号也不能省略。

(4) 参数列表后的冒号 ":" 必不可少。

(5) 构成函数体的语句集合必须缩进。若函数体没有任何语句，可使用pass占位，否则会导致错误。

(6) 函数体中通常包含一个return语句，用于返回值。通常return语句位于函数体的最后。如果没有return语句，函数将默认返回None，这相当于显式地写return None，或者简写为return。例如：

```
def max(x,y):
  if x>y :
      return x
  else:
      return y
```

说明：

这里定义了一个名为max的函数，用于求两个数的最大值。其中，x和y为形参。

2. return语句

return语句的格式为：

return [表达式]

return [表达式] 用于向调用方返回值。不带参数值的return语句则会返回None。

❖ **提示：**

在Python中，函数可以返回多个值。实现这一功能的方法是将多个值组合成一个元组进行返回。示例如下：

```
def get_result():
    width=100
    height=200
    return width,height
print(type(get_result()))    # 类型为元组
```

---

3. 函数调用

一旦函数被定义，就可以在程序的其他地方调用它。调用的格式为：

函数名(参数列表)

说明：

(1) 在函数调用时传入的参数称为实际参数(简称实参)，实参可以是变量、常量或表达式等。

(2) 函数声明时的形参数量和调用函数时传入的实参数量必须一致，声明的形参顺序和传入的实参顺序也必须一致。在 Python中，任何类型的数据都是对象，变量本身并没有类型，仅仅是指向对象的引用(指针)，可以指向任何类型对象。如果形参与实参的顺序不一致，虽然有时不会引发语法错误，但会导致逻辑错误，从而得不到预期的结果。关于函数参数的使用本书将在后面的章节中详细介绍。

(3) 实参的变量名称可以和形参的变量名称相同，但它们的含义是不同的，实际上是不同的变量。

【实例3-1】

```
# 程序名称：ppb3101.py
# 功能：函数定义与使用

def max(x,y):
    if x>y :
        return x
    else:
        return y

print(max(3,2))
```

说明：

这里定义了一个求两个数最大值的函数max()，随后调用max()函数来计算并输出3和2之间的最大值。图3-1展示了函数定义和函数调用的相关概念。

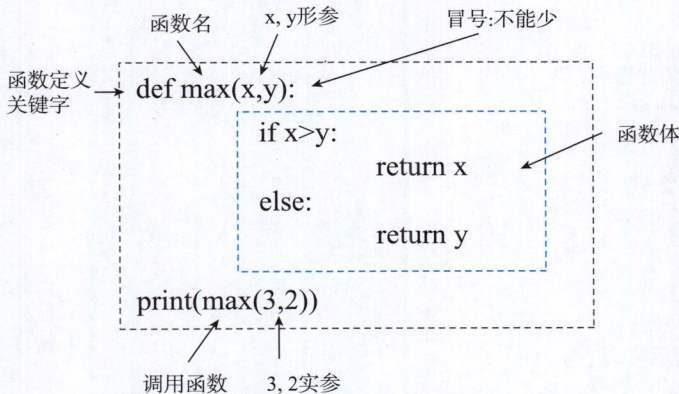

图 3-1　函数定义和函数调用涉及的相关概念

说明：

(1) 函数的定义与调用是两个不同的概念。当使用def语句定义函数时，实际上只是创建了一个函数对象，并没有执行任何操作，此时函数的参数也尚未赋值。一旦调用函数，调用处将传递给函数具体的对象，并与形式参数绑定。此时，函数内部才能对形式参数进行存取，函数也才开始实际执行。

(2) 函数对象一旦建立，便可作为其他容器(如列表)的元素。

【实例3-2】

```
# 程序名称：ppb3101A.py
# 功能：函数对象作为其他容器的元素
def power2(x): return x**2
def power3(x): return x**3
def power4(x): return x**4
def power5(x): return x**5

def main():
    list1=[power2,power3,power4,power5]
```

```
    for p in list1: print(p(10))

main()
```

3.1.2 函数参数说明

1. 不可改变类型参数和可改变类型参数

Python的数据类型分为不可改变类型和可改变类型。当变量作为实参传递时，其类型可能是这两种之一。

(1) 当不可改变类型变量作为实参传递时，虽然在被调用函数执行结束后，形参的值可能发生变化，但在函数返回后，这些形参的值将不会反馈到对应的实参。这种传递方式具有数据单向传递的特点。

(2) 当可改变类型变量作为实参传递时，在函数执行结束后，形参值的变化将直接反馈到对应的实参上。这种传递方式具有数据双向传递的特点。

【实例3-3】

```
# 程序名称：ppb3102.py
# 功能：参数传递的特点
def square(x,s1,list1):
    x=x*x
    s1="abc"
    list1[0]=list1[0]+1
    return x;

def main():
    x=3
    s1="123"
    list1=[1,2,3]
    print("调用前......")
    print("x=",x)
    print("s1=",s1)
    print("list1=",list1)

    y=square(x,s1,list1)
    print("调用后......")
    print("y=",y)
    print("x=",x)
    print("s1=",s1)
    print("list1=",list1)

main()
```

输出结果为：

```
调用前......
x=3
s1=123
list1=[1, 2, 3]
调用后......
y=9
x=3
s1=123
list1=[2, 2, 3]
```

说明：

(1) 这里定义了一个函数square( )。该函数会对形参的内容进行修改。

(2) 输出结果表明，square( )函数中对不可变类型变量(例如整型变量x和字符串型变量s1)的修改不会反馈到对应的实参，而对可变类型变量(例如列表变量list1)的修改则会反馈到对应的实参。

为便于初学者理解，下面提供了不可改变类型变量x和可改变类型变量list1在调用前后的存储变化示意图(如图3-2和图3-3所示)。

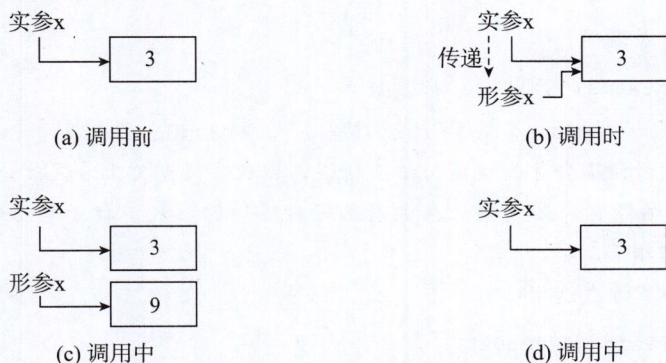

图 3-2　不可变类型变量 x 存储变化示意图

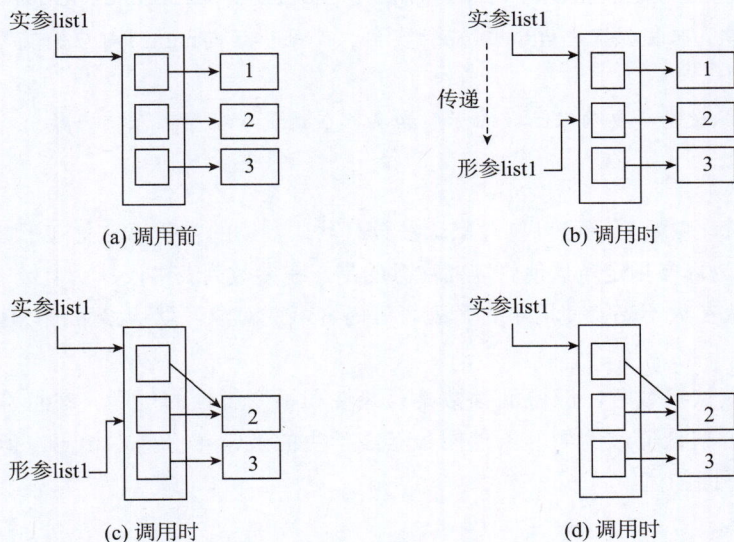

图 3-3　可变类型变量 list1 存储变化示意图

2. 位置参数

位置参数是最常见的参数类型。在使用位置参数时，调用函数时需要根据函数声明中形参的顺序传递实参的值。这意味着形参和实参不仅数量相同，而且顺序一致。

举例说明如下：

```python
# 测试位置参数
def testPositionParms(stdno,name1):
    print("stdno=",stdno)
    print("name=",name1)
    return
```

```
print("测试位置参数的应用......")
x=testPositionParms("202301","李四")
x=testPositionParms("202302","吴一")
```

说明：

(1) 这里实参"202301"对应于形参stdno，而实参"李四"对应于形参name1。

(2) 使用位置参数时，参数的顺序非常重要。如果参数的顺序错误，可能会导致函数调用的意义与预期不符。

如果按照以下方式调用：

```
x=testPositionParms("李四","202301")
```

则实参"李四"对应形参stdno，实参"202301"对应形参name1。虽然实参和形参的位置对应关系发生了变化，这种错误不会导致编译时语法错误，但从实际意义上看显然是错误的。

(3) 在使用位置参数时，必须确保在调用函数时提供的参数值数量与形参数量相匹配。否则，会导致TypeError错误。

例如，如果按如下方式调用：

```
x=testPositionParms("202301")
```

则运行时会出现以下错误：

```
TypeError: testPositionParms() missing 1 required positional argument: 'name1'
```

在这个调用中，只提供了与stdno对应的实参，而缺少了与name1对应的实参。因此会触发TypeError错误。

(4) 使用位置参数时，要确保函数的形参和实参在数量和顺序上保持一致。

3. 默认参数

在定义函数时，参数列表可以包含默认参数。默认参数的声明语法是在形参名称后使用赋值运算符"="来为形参指定默认值。需要注意的是，在参数列表中，默认参数需要放置在非默认参数后面。默认参数不支持使用字典、列表等内容可变对象。默认参数可以省略，省略时采用默认值。

为函数设置默认参数时，应遵循参数具有共性和不变属性的规则。在特殊情况下，可以用传入的实参代替默认值。例如，虽然同一年级学生的入学年份基本相同，但对于留级生而言，则需要输入不同的值。

举例说明如下：

```
# 测试默认参数
def  testDefaultParms(stdno,name1,grade="2023"):
    print("stdno=",stdno)
    print("name=",name1)
    print("grade=",grade)
    return

print("测试默认参数的应用......")
x=testDefaultParms("202301","李四")
x=testDefaultParms("202302","吴一")
x=testDefaultParms("202205","西岐")
```

说明：

(1) 这里grade为默认参数，默认值为"2023"，学号"202301"和"202302"对应的同学都属于

2023级(即默认班级)，因此在调用时可以省略该参数。对应的形参为stdno，而实参"李四"对应形参name1。

(2) 如果某位学生的班级不是"2023"，则必须显式地传递班级值。例如：

```
x=testDefaultParms("202205","席二","2022")
```

在上述调用中，函数testDefaultParms( )显式地传递了班级号"2022"。

4. 关键字参数

关键字参数允许通过指定参数的名称来传递参数值，而不必遵循位置顺序。在函数调用时，关键字参数采用"键=值"的形式进行指定。因此，合理使用关键字参数可以让函数更加清晰易懂，同时也消除了对参数顺序的要求。

当位置参数和关键字参数同时存在时，位置参数必须位于关键字参数之前，而关键字参数之间则没有顺序要求。

此外，关键字参数需要一个特殊分隔符*。在*之后的参数将被视为关键字参数。如果函数定义中已经包含了一个可变参数，则后续的命名关键字参数不再需要*作为分隔符。

举例说明如下：

```
# 测试关键字参数
def testKeyWordParms(stdno,name1,grade="2023",*,city,zipcode):
    print("stdno=",stdno)
    print("name=",name1)
    print("grade=",grade)
    print("city=",city)
    print("zipcode=",zipcode)
    return

print("测试关键字参数的应用......")
x=testKeyWordParms("202301","李四",city="北京",zipcode="100100")
x=testKeyWordParms("202302","吴一","2022",zipcode="432100",city="孝感")
```

说明：

(1) 这里city和zipcode是关键字参数，调用时通过关键字名称来识别参数之间的传递。

(2) 当使用关键字参数时，必须确保提供所有必需的关键字参数。否则，会触发TypeError错误。例如，如果按如下方式调用：

```
x=testKeyWordParms("202301","李四","2023",city="北京")
```

则运行时会出现以下错误：

```
TypeError: testKeyWordParms() missing 1 required keyword-only argument: 'zipcode'
```

在上述调用中，只提供了一个关键字参数city，而没有提供关键字参数zipcode。因此触发了TypeError错误。

5. 可变参数

在定义函数时，参数列表可以包含可变参数。可变参数允许在调用函数时传入可变数量的参数，可以是1个、2个或多个实参，甚至可以是0个实参。此时，可以使用包裹(packing)位置参数(简称*args)或包裹关键字参数(简称**kwargs)，来进行参数传递，这样会更加方便。

1) 包裹位置参数(元组可变参数)

在调用函数时，传入的相关参数会被args变量收集，并根据传入参数的顺序合并为一个元组

(tuple)，其中args是元组类型。

举例说明如下：

```
# 测试可变参数：包裹位置传递
def testVarParms1(*hobby):
    print("hobby",hobby)
    return

print("测试可变参数：包裹位置传递......")
x=testVarParms1("足球")
x=testVarParms1("篮球","音乐")
x=testVarParms1("篮球","音乐","看书")
```

2) 包裹关键字参数(字典可变参数)

在调用函数时，传入的相关字典数据会被kwargs变量收集，并根据参数的名称合并为一个字典(dict)，其中kwargs是字典类型。

举例说明如下：

```
# 测试可变参数：包裹关键字传递
def testVarParms2(**birthplace):
    print("birthplace=",birthplace)
    return

print("测试可变参数的应用：包裹关键字传递......")
x=testVarParms2(province="湖北",city="孝感",zipcode="432100")
x=testVarParms2(province="上海",city="闵行",zipcode="210000")
```

在这个例子中，birthplace是一个字典(dict)，用于收集所有传入的关键字参数。

❖ **注意:**

当形参为字典可变参数时，函数调用时传入的参数必须是字典类型的数据。

6. 解包裹参数

*args和**kwargs的形式也可以在函数调用时使用，这称为解包裹(unpacking)。

(1) 在传递元组时，将元组的每一个元素对应到位置参数。

举例说明如下：

```
# 测试解包裹参数：元组
def testUnpackingParms1(basketball,music,reading):
    print("basketball=",basketball)
    print("music=",music)
    print("reading=",reading)
    return

print("测试解包裹参数的应用......")
hobby1=("篮球","音乐","看书")
x=testUnpackingParms1(*hobby1)
```

(2) 在传递词典时，将词典中的每个键值对作为关键字参数传递给函数。

举例说明如下：

```
# 测试解包裹参数：字典
def testUnpackingParms2(province,city,zipcode):
    print("province",province)
    print("city",city)
    print("zipcode",zipcode)
    return
```

```
print("测试解包裹参数的应用......")
birthplace1={"province":"湖北","city":"孝感","zipcode":"432100"}
x=testUnpackingParms2(**birthplace1)
birthplace2={"province":"上海","city":"闵行","zipcode":"210000"}
x=testUnpackingParms2(**birthplace2)
```

7. 参数次序

在定义函数时，参数的顺序非常重要。基本原则是：首先是位置参数，其次是默认参数，然后是可变包裹位置参数，最后是可变关键字参数(这一顺序在定义和调用函数时均应遵循)。

(1) 位置参数与默认参数混用时，位置参数应放在前面，默认参数应放在后面。

(2) 位置参数与关键字参数混用时，位置参数应放在前面，关键字参数应放在后面。

(3) 位置参数、默认参数和关键字参数混用时，位置参数应放在前面，默认参数应放在中间，关键字参数应放在后面，并使用*与其他参数分开。

(4) 位置参数、默认参数、关键字参数与可变参数混用时，从左到右的顺序应为：位置参数、默认参数、关键字参数与可变参数。在这种多参数混用的情况下，调用函数时默认参数的值最好不要省略。同时，建议尽量避免这种参数混用，因为不当使用可能导致数据传递错误。

【实例3-4】

```
# 程序名称：ppb3104.py
# 功能：多种类型参数
# 测试位置参数
def testPositionParms(stdno,name1):
    print("stdno=",stdno)
    print("name=",name1)
    return

# 测试默认参数
def testDefaultParms(stdno,name1,grade="2023"):
    print("stdno=",stdno)
    print("name=",name1)
    print("grade=",grade)
    return

# 测试关键字参数
def testKeyWordParms(stdno,name1,grade="2023",*,city,zipcode):
    print("stdno=",stdno)
    print("name=",name1)
    print("grade=",grade)
    print("city=",city)
    print("zipcode=",zipcode)
    return

# 测试可变参数：包裹位置传递
def testVarParms1(*hobby):
    print("hobby",hobby)
    return

# 测试可变参数：包裹关键字传递
def testVarParms2(**birthplace):
    print("birthplace=",birthplace)
    return

# 测试解包裹参数：元组
def testUnpackingParms1(basketball,music,reading):
    print("basketball=",basketball)
    print("music=",music)
    print("reading=",reading)
```

```
        return

# 测试解包裹参数：字典
def testUnpackingParms2(province,city,zipcode):
    print("province",province)
    print("city",city)
    print("zipcode",zipcode)
    return

# 测试*args参数与位置参数和默认参数混合应用
def testMixedParms1(stdno,name1,grade="2023",*hobby):
    print("stdno=",stdno)
    print("name=",name1)
    print("grade=",grade)
    print("hobby=",hobby)
    return

# 测试**kwargs与位置参数和默认参数混合应用
def testMixedParms2(stdno,name1,grade="2023",**birthplace):
    print("stdno=",stdno)
    print("name=",name1)
    print("grade=",grade)
    print("birthplace=",birthplace)
    return

# 测试参数复合应用
def testMixedParms3(stdno,name1,grade="2023",*hobby,**birthplace):
    print("stdno=",stdno)
    print("name=",name1)
    print("grade=",grade)
    print("hobby=",hobby)
    print("birthplace=",birthplace)
    return

def main():
    print("测试位置参数的应用......")
    x=testPositionParms("202301","李四")
    x=testPositionParms("202302","吴一")

    print("测试默认参数的应用......")
    x=testDefaultParms("202301","李四")
    x=testDefaultParms("202302","吴一")
    x=testDefaultParms("202205","西岐")

    print("测试关键字参数的应用......")
    x=testKeyWordParms("202301","李四",city="北京",zipcode="100100")
    x=testKeyWordParms ("202302","吴一","2022",zipcode="432100",city="孝感")

    print("测试可变参数的应用：包裹位置传递...")
    x=testVarParms1("足球")
    x=testVarParms1("篮球","音乐")
    x=testVarParms1("篮球","音乐","看书")

    print("测试可变参数的应用：包裹关键字传递..")
    x=testVarParms2(province="湖北",city="孝感",zipcode="432100")
    x=testVarParms2(province="上海",city="闵行",zipcode="210000")

    print("测试解包裹参数的应用：元组......")
    hobby1=("篮球","音乐","看书")
    x=testUnpackingParms1(*hobby1)
    print("测试解包裹参数的应用：字典......")

    birthplace1={"province":"湖北","city":"孝感","zipcode":"432100"}
    x=testUnpackingParms2(**birthplace1)
```

```
        birthplace2={"province":"上海","city":"闵行","zipcode":"210000"}
        x=testUnpackingParms2(**birthplace2)

        print("测试*args参数与位置参数和默认参数混合应用")
        x=testMixedParms1("202302","吴一","2023","篮球","音乐")
        x=testMixedParms1("202205","西岐","2022","政治","娱乐")

        print("测试**kwargs与位置参数和默认参数混合应用")
        x=testMixedParms2("202302","吴一",province="北京",city="大兴",zipcode="102600")
        x=testMixedParms2("202205","西岐","2022",province="北京",city="西城",zipcode=
          "100084")

        print("测试参数复合应用......")
        x=testMixedParms3 ("202301","李四","2023","足球",province="北京",city="大兴
          ",zipcode="102600")
        x=testMixedParms3("202302","吴一","2023","篮球","音乐",province="湖北",city=
          "孝感",zipcode="432100")
        x=testMixedParms3 ("202303","王五","2023","篮球","音乐","看书",province="上海
          ",city="闵行",zipcode="210000")

main()
```

输出结果为：

```
测试位置参数的应用......
stdno=202301
name=李四
stdno=202302
name=吴一
测试默认参数的应用......
stdno=202301
name=李四
grade=2023
stdno=202302
name=吴一
grade=2023
stdno=202205
name=西岐
grade=2023
测试关键字参数的应用......
stdno=202301
name=李四
grade=2023
city=北京
zipcode=100100
stdno=202302
name=吴一
grade=2022
city=孝感
zipcode=432100
测试可变参数的应用：包裹位置传递...
hobby('足球',)
hobby('篮球', '音乐')
hobby('篮球', '音乐', '看书')
测试可变参数的应用：包裹关键字传递..
birthplace={'province': '湖北', 'city': '孝感', 'zipcode': '432100'}
birthplace={'province': '上海', 'city': '闵行', 'zipcode': '210000'}
测试解包裹参数的应用：元组......
basketball=篮球
music=音乐
reading=看书
测试解包裹参数的应用：字典......
province 湖北
city 孝感
```

```
zipcode 432100
province 上海
city 闵行
zipcode 210000
测试*args参数与位置参数和默认参数混合应用
stdno=202302
name=吴一
grade=2023
hobby=('篮球', '音乐')
stdno=202205
name=西岐
grade=2022
hobby=('政治', '娱乐')
测试**kwargs与位置参数和默认参数混合应用
stdno=202302
name=吴一
grade=2023
birthplace={'province': '北京', 'city': '大兴', 'zipcode': '102600'}
stdno=202205
name=西岐
grade=2022
birthplace={'province': '北京', 'city': '西城', 'zipcode': '100084'}
测试参数复合应用......
stdno=202301
name=李四
grade=2023
hobby=('足球',)
birthplace={'province': '北京', 'city': '大兴', 'zipcode': '102600'}
stdno=202302
name=吴一
grade=2023
hobby=('篮球', '音乐')
birthplace={'province': '湖北', 'city': '孝感', 'zipcode': '432100'}
stdno=202303
name=王五
grade=2023
hobby=('篮球', '音乐', '看书')
birthplace={'province': '上海', 'city': '闵行', 'zipcode': '210000'}
```

3.1.3　变量作用域

1. Python作用域概述

变量作用域是指变量有效的范围。就作用域而言，Python与C、Java等语言存在显著的区别。在Python中，只有模块(module)、类(class)和函数(def、lambda)具有作用域的概念。其他代码块(如 if…elif…else、try…except、for…while等)内部定义的变量在外部也可以被访问。

2. 作用域的4种类型

在Python中，作用域可分为以下4种类型。

(1) L(local)局部作用域：局部作用域是指在函数内部定义的变量。每当函数被调用时，都会创建一个新的局部作用域。在函数内部声明的变量，除非特别声明为全局变量，否则均默认为局部变量。在函数内部，使用global关键字可以将变量声明为全局变量。

(2) E(enclosing)嵌套作用域：嵌套作用域指的是定义一个函数的上一层父级函数的局部作用域。这种作用域主要用于实现Python的闭包功能。

(3) G(global)全局作用域：全局作用域是指在模块层次中定义的变量，每个模块都具有自己的全局作用域。换句话说，在模块文件顶层声明的变量具有全局作用域，从外部来看，模块的全局变量实际上是该模块对象的属性。

❖ **注意：**

全局作用域的作用范围仅限于单个模块文件内。

(4) B(built-in)内置作用域：内置作用域是系统内置的模块中定义的变量，如预定义在builtin模块内的变量。

3. 变量名解析LEGB法则

变量名的搜索优先级为：局部作用域 > 嵌套作用域 > 全局作用域 > 内置作用域。

LEGB法则：当在函数中使用未确定的变量名时，Python会按照优先级依次搜索4个作用域，以此来确定该变量名的意义。具体搜索顺序为：首先搜索局部作用域(L)，接着查找上一层嵌套结构中定义的函数(如def或lambda)的嵌套作用域(E)，然后是全局作用域(G)，最后是内置作用域(B)。根据这一查找原则，Python在第一处找到的地方停止搜索。如果在所有作用域都未找到该变量名，则会引发NameError错误。

4. 不同作用域变量的修改

相对于局部作用域(L)，位于非局部作用域(non-L)的变量默认是只读的，不能直接修改。如果希望在L中修改定义在non-L的变量，为其绑定一个新的值，Python会认为是在当前的L中引入一个新的变量(即使这两个变量同名，但却有着不同的意义)。在当前的L中，如果直接使用non-L中的变量，那么这个变量是只读的，不能被修改。否则，会在L中引入一个同名的新变量。

❖ **注意：**

在局部作用域(L)中对新变量的修改不会影响到非局部作用域(non-L)中的变量。如果希望在L中修改non-L中的变量，可以使用global或nonlocal关键字。

5. 局部变量和全局变量

局部变量是在函数内部定义的变量，其作用域仅限于函数内。这类变量在函数运行时有效，而在函数运行之前或结束之后无法使用。例如：

```
def main():
    x=10
    print("x=",x)  # note1

main()
print("x=",x)     # note2
```

以上程序运行后会出现以下错误：

```
  print("x=",x)    # note2
NameError: name 'x' is not defined
```

错误原因在于，x是函数main( )中定义的一个局部变量，其作用范围仅限于函数内部。因此，note1行可以正常运行，而在note2行运行时会提示x未定义的错误。

与局部变量不同的是，全局变量作用于整个模块文件，而不仅局限于函数内部。通常可以通过以下两种方法定义全局变量。

第一种方法：在函数体外定义一个变量，这样该变量的作用域可以在全局范围内发挥作用。如果在函数体内定义了一个与全局变量名称相同的局部变量，那么对函数体内局部变量的修改不会影响到函数体外的全局变量。例如：

```
x=100
def main():
    x=10
    print("x=",x)   # note1

main()
print("x=",x)        # note2
```

在以上程序中，定义了一个全局变量x，其值为100，而在函数main( )内又定义一个同名的局部变量x，其值为10。因此，note1行输出的结果是x=10，而note2行输出的结果是x=100。

❖ **特别提示：**

(1) 如果需要在函数内部对全局变量赋值，需要在函数内部通过global语句声明该变量为全局变量。例如：

```
x=100
def main():
    global x
    x=10
    print("x=",x)   # note1

main()
print("x=",x)        # note2
```

在以上程序中，定义了一个全局变量x，其值为100。在函数main( )内部，通过global语句声明x为全局变量，然后将其值修改为10。因此，note1行输出的结果是x=10，而note2行输出的结果也是x=10。

(2) 在编写程序时，应尽量避免全局变量和局部变量使用相同的名称，以避免产生混淆。

第二种方法：在函数内部定义一个变量，并使用global关键字将其声明为全局变量。

【实例3-5】

```
# 程序名称：ppb3104N.py
# 功能：测试变量的作用域
def test1():
    print('call test1.....')
    global num
    num=num*2
    print('num=',num)

def test2():
    print('call test2.....')
    num=1000
    num=num*2
    print('num=',num)

def test3(num):
    print('call test3.....')
    num=num*5
    print('num=',num)

def main():
    global num
    num=100
    print('num=',num)
    test1()
```

```
    test2()
    test3(10)

main()
```

说明：

(1) 该例在函数main( )中使用global声明定义了一个全局变量num。

(2) 在函数test1( )中使用了函数main( )中定义的全局变量num，因此必须使用global声明num为全局变量。如果在test1( )函数中删除global num语句，将会出现以下错误：

```
UnboundLocalError: local variable 'num' referenced before assignment
```

产生该错误的原因是，在test1( )函数中既没有事先定义局部变量，也没有使用global声明num为全局变量。

(3) 在函数test2( )中定义了局部变量num。

(4) 在函数test3( )中，num是形参，其具体内容由实参决定。

3.1.4 三个典型函数

1. lambda表达式

Lambda 表达式(lambda expression)是一个匿名函数，其名称源自数学中的λ演算，直接对应于其中的λ抽象(lambda abstraction)。

Python允许使用lambda关键字创建匿名函数。其语法如下：

```
lambda [arg1[,arg2,…argN]]: expression
```

参数是可选的，如果使用的参数，通常这些参数也是表达式的一部分。

lambda可以定义一个匿名函数，而使用def定义的函数必须有一个名称。这是lambda与def之间最大的区别。

需要注意的是，lambda是一个表达式，而不是一个语句，因此可以在Python语法不允许def出现的地方使用，例如在列表常量中或函数调用的参数中。

lambda表达式只能包含一个表达式，该表达式的计算结果可以看作是函数的返回值。它不允许包含复合语句，但可以在表达式中调用其他函数。

【实例3-6】

```
# 程序名称：ppb3105.py
# 功能：lambda表达式
def main():
    # lambda表达式无名称的使用
    print('lambda表达式无名称的使用')
    list1=[1,2,3,4,5,6,7,8,9]
    print(list(map(lambda x: x*x, list1)))

    # lambda表达式有名称的使用
    print('lambda表达式有名称的使用')
    fun1=lambda x, y: x*x+y*y    # 命名lambda表达式为fun1
    print(fun1(1,2))             # 像函数一样调用

    # lambda表达式作为列表的元素
    print('lambda表达式作为列表的元素')
```

```
list2=[(lambda x: x*x),\
       (lambda x,y: x*y),\
       (lambda x,y,z: x*y*z)]
print(list2[0](2),list2[1](2,3),list2[2](2,3,4))

# lambda表达式中调用函数
print('lambda表达式中调用函数')
list3=[25,18,15,18,13,10,26,26,10,12]
list4=list(map(lambda x: (x-min(list3))/(max(list3)-min(list3)), list3))
print("list4=",list4)

main()
```

输出结果为:

```
lambda表达式无名称的使用
[1, 4, 9, 16, 25, 36, 49, 64, 81]
lambda表达式有名称的使用
5
lambda表达式作为列表的元素
4 6 24
lambda表达式中调用函数
list4=[0.9375, 0.5, 0.3125, 0.5, 0.1875, 0.0, 1.0, 1.0, 0.0, 0.125]
```

2. map( )函数

map( )函数是 Python内置的高阶函数,其使用格式为:

```
map(function,Itera)
```

其中,第一个参数为某个函数,第二个参数为可迭代对象。该函数的作用是接收一个函数function和一个可迭代对象Itera,并将function依次作用于Itera的每个元素,从而生成一个新的可迭代的map对象并返回。

【实例3-7】

```
# 程序名称:ppb3106.py
# 功能:map()函数
def main():
    # 与lambda表达式配套使用
    print('与lambda表达式配套使用')
    list1=[1,2,3,4,5,6,7,8,9]
    list2=list(map(lambda x: x*x, list1))
    print("list2=",list2)

    # 与自定义函数配套使用
    print('与自定义函数配套使用')
    def squareSum(x,y):
        return x*x+y*y

    list3=[16,10,25,28,25,14,28,20,15,17]
    list4=[24,28,15,26,20,24,23,16,29,25]
    list5=list(map(squareSum, list3,list4))
    print("list5=",list5)

main()
```

输出结果为:

```
与lambda表达式配套使用
list2=[1, 4, 9, 16, 25, 36, 49, 64, 81]
与自定义函数配套使用
list5=[832, 884, 850, 1460, 1025, 772, 1313, 656, 1066, 914]
```

3. redure( )函数

标准库functools中的函数reduce( )可以将一个接收两个参数的函数以迭代累积的方式，从左到右依次作用于一个序列或迭代器对象的所有元素，并允许指定一个初始值。其使用格式如下：

```
reduce(function, iterable[, initializer])
```

其中，参数function必须接受两个参数，而initializer是可选的。

reduce( )函数的工作原理是：首先取出序列的前两个元素，将它们传入指定的二元函数以获得一个单一的值。接着，这个值和序列中的下一个元素再次传入函数，生成新的值。这个过程持续进行，直到整个序列的内容都遍历完毕，最终计算出一个结果值。其工作原理如图3-4所示。

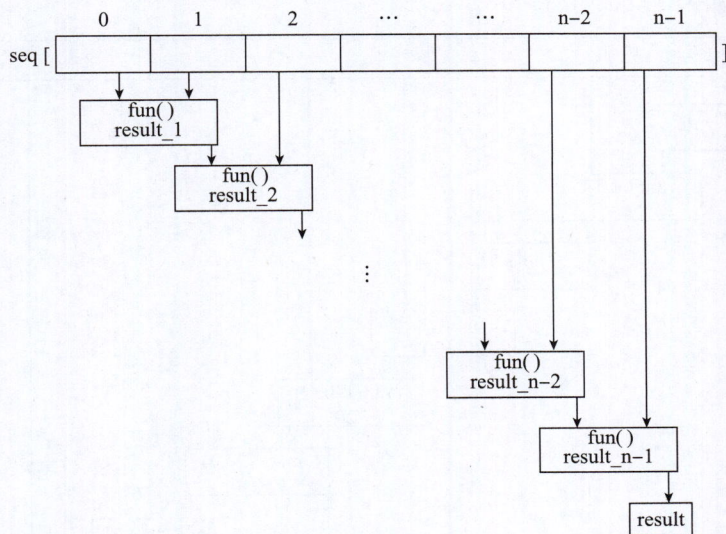

图 3-4　reduce( ) 函数工作原理

下面举例说明。

【实例3-8】

```
# 程序名称：ppb3107.py
# 功能：reduce()函数
from functools import reduce

# 计算阶乘n! =1*2...*n
def mult(x,y):
    return x*y

# 计算f(n)=nf(n-1)+n**3 ,f(0)=1
def fun1(fv,n):
    return n*fv+n**3

def main():
    # reduce在中函数为mult
    print("计算阶乘n! =1*2...*n")
    result=reduce(mult,[1,2,3,4,5,6,7,8,9])
    print("result=",result)

    # reduce在中函数为fun1
```

```
    print("计算f(n)=nf(n-1)+n**3")
    result=reduce(fun1,[1,2,3,4,5],1)
    print("result=",result)
```

main()

输出结果为：

```
计算阶乘n！=1×2... ×n
result=362880
计算f(n)=nf(n-1)+n**3
result=1705
```

以上返回的结果相当于1×2×3×4×5×6×7×8×9=362880。

mult()函数计算执行过程如图3-5所示。

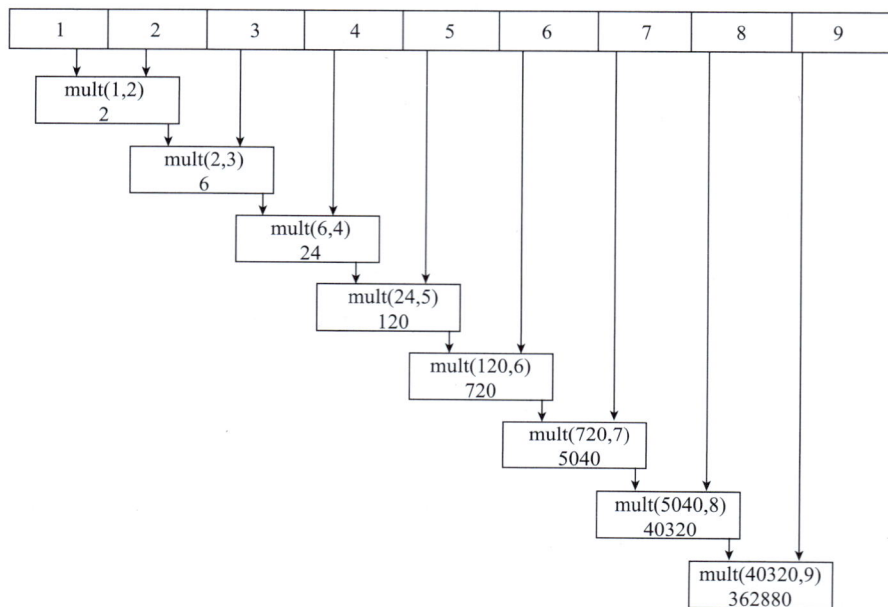

图 3-5　mult( )函数计算过程示意图

fun1()函数计算执行过程如图3-6所示。

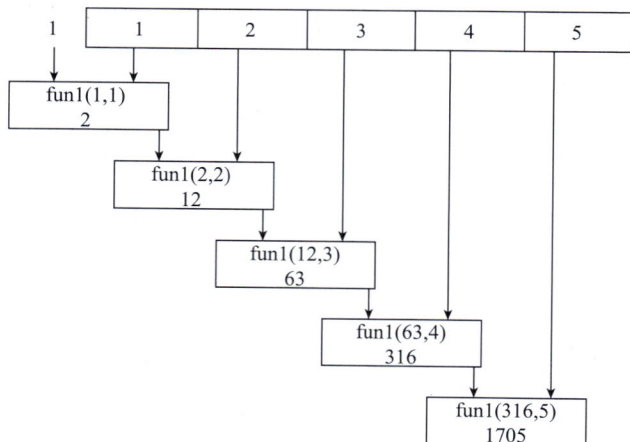

图 3-6　fun1( )函数计算过程示意图

❖ **注意:**

在Python 3中，reduce( )函数不再是内置函数，而是被集成到了functools模块中，因此在使用之前需要先行导入。导入的方式如下:

```
from functools import reduce
```

3.1.5　函数递归

1. 递归的含义

在数学与计算机科学中，递归(recursion)指的是在函数的定义中直接或间接调用自身的行为。递归的含义主要体现在以下两个方面。

(1) 递归问题必须可以分解为若干个规模较小且形式与原问题相同的子问题。并且这些子问题可以用完全相同的解题思路来解决。

(2) 递归问题的演化过程是一个对原问题从大到小进行拆解的过程，并且会有一个明确的临界点。一旦原问题到达了这个临界点，就无须再进一步拆解。最终，从这个临界点开始，逐步反推即可得到原问题的解。

简而言之，递归的基本思想就是把规模较大的问题转化为规模较小且形式相同的子问题进行解决。在函数实现时，因为大问题和小问题实质上是相同的，因此它们的解决方法也相同。这就产生了函数调用自身的情况，这正是递归的定义所在。

递归可以分为直接递归和间接递归，直接递归是指函数在执行中直接调用自身；而间接递归是指函数调用其他函数，而后者在执行过程中又调用了该函数。递归调用示意图如图3-7所示。

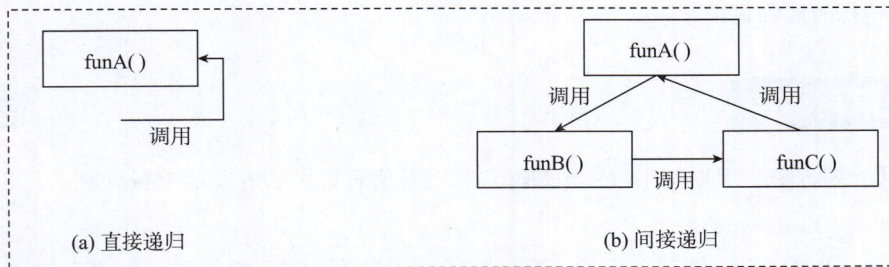

图 3-7　递归调用示意图

2. 递归的应用举例

【实例3-9】

以下程序利用递归实现了3个函数: sum( )函数用于计算$1+2+3+\cdots+n$，mult( )函数用于计算$1 \times 2 \times 3 \times \cdots \times n = n!$，fibonacci( )函数用于计算费布拉切数列(1,1,2,3,5,8,,13,,21,…)。

```
# 程序名称：ppb3108.py
# 功能：函数递归

# sum(n)=1+2+...+n
def sum(n):
    if n==1:
```

```
        return 1
    else:
        return sum(n-1)+n

# mult(n)=1*2*...*n
def mult(n):
    if n==1 or n==0:
        return 1
    else:
        return mult(n-1)*n

# fibonacci数: 1,1,2,3,5,8...
def fibonacci(n):
    if n<=2: return 1
    else: return fibonacci(n-1)+fibonacci(n-2)

def main():
    n=int(input("输入n: "))
    print("sum(",n,")=",sum(n))
    print("mult(",n,")=",mult(n))
    print("fibonacci(",n,")=",fibonacci(n))

main()
```

说明：

图3-8展示了调用sum(5)的执行过程。

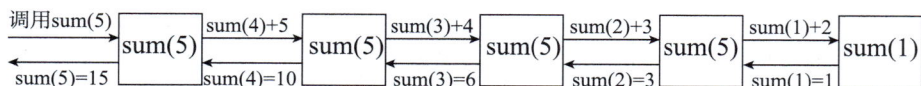

图 3-8 调用 sum(5) 的执行过程示意图

从图3-8可以看出，sum( )函数共调用了5次，其中sum(5)是在函数外部调用的，其余4次是在sum( )内部进行的递归调用。

3.1.6 常用函数

在Python编程中，可以使用内置函数dir( )来查看所有可用的内置函数和对象：

```
>>> dir(__builtins__)
```

另外，使用help(函数名)可以查看某个函数的用法说明。常用的内置函数详见表3-1。

表3-1 常用内置函数

abs( )	delattr( )	hash( )	memoryview( )	set( )	all( )
dict( )	help( )	min( )	setattr( )	any( )	dir( )
hex( )	next( )	slice( )	ascii( )	divmod( )	id( )
object( )	sorted( )	bin( )	enumerate( )	input( )	oct( )
staticmethod( )	bool( )	eval( )	int( )	open( )	str( )
breakpoint( )	exec( )	isinstance( )	ord( )	sum( )	bytearray( )
filter( )	issubclass( )	pow( )	super( )	bytes( )	float( )
iter( )	print( )	tuple( )	callable( )	format( )	len( )
property( )	type( )	chr( )	frozenset( )	list( )	range( )

（续表）

vars( )	classmethod( )	getattr( )	locals( )	repr( )	zip( )
compile( )	globals( )	map( )	reversed( )	__import__( )	complex( )
hasattr( )	max( )	round( )			

以下是对部分常用函数的简单介绍。

1. 进制转换函数

○ bin(n)：将十进制数n转换为二进制数。

○ oct(n)：将十进制数n转换为八进制数。

○ hex(n)：将十进制数n转换为十六进制数。

○ chr(n)：将十进制数n转换为对应的ASCII字符。

○ ord(s)：将ASCII字符s转换为对应的十进制数。

○ int(s,base)：将字符串s表示的base(可以为2、8或16)进制数转换为十进制。

2. 数学函数：math模块

○ abs(x)：返回数字的绝对值，如abs(-10) 返回10。

○ ceil(x)：返回数字的上取整值，如math.ceil(4.1) 返回5。

○ cmp(x, y)：比较x和y，如果 x < y 返回-1；如果 x == y 返回0；如果 x > y 返回1。此函数在Python 3中已被废弃，可以使用 (x>y)-(x<y) 替代。

○ exp(x)：返回e的x次幂(e^x)，例如math.exp(1) 返回2.718281828459045。

○ fabs(x)：返回数字的绝对值，例如math.fabs(-10) 返回10.0。

○ floor(x)：返回数字的下取整值，如math.floor(4.9) 返回4。

○ log(x)：返回以e为底的x的对数，例如math.log(math.e)返回1.0；math.log(100,10)返回2.0。

○ log10(x)：返回以10为基数的x的对数，例如math.log10(100)返回2.0。

○ max(x1, x2,···)：返回给定参数的最大值，参数可以是任意数量的序列。

○ min(x1, x2,···)：返回给定参数的最小值，参数可以是任意数量的序列。

○ modf(x)：返回x的整数部分与小数部分，两部分的数值符号与x相同，整数部分以浮点型表示。

○ pow(x, y)：x^y运算后的值。

○ round(x [,n])：返回浮点数x的四舍五入值。如提供n值，则表示舍入到小数点后的位数。

○ acos(x)：返回x的反余弦弧度值。

○ asin(x)：返回x的反正弦弧度值。

○ atan(x)：返回x的反正切弧度值。

○ atan2(y, x)：返回给定的 X 及 Y 坐标值的反正切值。

○ cos(x)：返回x的弧度的余弦值。

○ hypot(x, y)：返回欧几里得范数 $\sqrt{x^2 + y^2}$ 的值。

○ sin(x)：返回的x弧度的正弦值。

○ tan(x)：返回x弧度的正切值。

○ degrees(x)：将弧度转换为角度，如degrees(math.pi/2)返回90.0。

○ radians(x)：将角度转换为弧度。

常量说明如下。

- 🔵 pi：数学常量 pi(圆周率，一般以希腊字母 π 来表示)。

- 🔵 e：数学常量 e，自然常数(以自然对数为底的常数)。

下面举例说明。

【实例3-10】

三角形面积的一种计算公式为：

$$area = \frac{1}{2}ab\sin(\theta)$$

其中，a和b为三角形的两条边，θ为这两条边的夹角。

```python
#  程序名称：ppb3109.py
#  功能：内置函数应用
import math
def main():
    a=float(input("输入三角形边a："))
    b=float(input("输入三角形边b："))
    angle=float(input("输入三角形边a和b的夹角："))
    print("三角形面积=%8.2f"%(a*b*math.sin(angle*math.pi/180)/2))

main()
```

输出结果为：

```
输入三角形边a：2
输入三角形边b：3
输入三角形边a和b的夹角：30
三角形面积=1.50
```

【实例3-11】

展示不同进制数之间的转换。

```python
#  程序名称：ppb3110.py
#  功能：进制转换应用
import math
def main():
    print('十进制数换算为其他进制数......")
    n=98
    print(n,"对应的二进制=",bin(n))        #  将十进制数n换算为二进制数
    print(n,"对应的八进制=",oct(n))        #  将十进制数n换算为八进制数
    print(n,"对应的十六进制=",hex(n))      #  将十进制数n为十六进制数

    print('其他进制数换算为十进制数......")
    #  int(s,base)将字符串s表示的basebase(=2,8,16)进制数组合转化为十进制
    s='111'
    print('二进制数',s,'对应的十进制数=',int(s,2))
    s='567'
    print('八进制数',s,'对应的十进制数=',int(s,8))
    s='123ABC'
    print('十六进制数',s,'对应的十进制数=',int(s,16))

    s=str(11111)
    print('二进制数',s,'对应的十进制数=',int(s,2))
    s=str(1356)
    print('八进制数',s,'对应的十进制数=',int(s,8))
    s=str(123)
    print('十六进制数',s,'对应的十进制数=',int(s,16))
```

```
print('字符与十进制数之间转换......")
n=99
print(n,"对应的ASCII中字符=",chr(n))         # 将十进制数n为ASCII中相应的字符
s='W'
print(s,"对应的十进制数=",ord(s))            # 将ASCII中相应的字符转换为十进制数

main()
```

输出结果为：

```
98 对应的二进制=0b1100010
98 对应的八进制=0o142
98 对应的十六进制=0x62
其他进制数换算为十进制数......
二进制数 111 对应的十进制数=7
八进制数 567 对应的十进制数=375
十六进制数 123ABC 对应的十进制数=1194684
二进制数 11111 对应的十进制数=31
八进制数 1356 对应的十进制数=750
十六进制数 123 对应的十进制数=291
字符与十进制数之间转换......
99 对应的ASCII中字符=c
W 对应的十进制数=87
```

3.2 模块

3.2.1 Python模块概述

1. 模块含义

模块是一组Python代码的集合，主要定义了一些公共函数和变量。此外，模块中可以包含任何符合Python语法规则的内容。用户可以通过import命令引入模块，从而使用其中的函数和变量。在Python中，每个.py文件都被视为一个模块(module)。

在创建自定义模块时，需要注意模块名应遵循Python标识符命名规范，模块名应避免与系统已有模块名冲突。例如，sys是系统内置模块，因此自定义模块时不应命名为sys.py。

2. 模块分类

在Python中，模块主要分为以下三类。

(1) 自定义模块：用户自己编写的实现包含函数和变量的.py文件。

(2) 内置模块：Python自身提供的模块，例如常用的sys、os、random等模块。

(3) 开源模块：由第三方开发并提供的模块。

3. 模块的好处

使用模块的主要好处有以下两个。

(1) 提高代码的可维护性和开发效率。在编写程序时，用户可以自定义各种模块，同时也可以使用系统内置模块和第三方模块。此外，自定义模块也可以被其他模块所使用。

(2) 避免函数名和变量名冲突。相同名称的函数和变量可以在不同的模块中共存。

4. 模块文件的管理

为了避免模块名冲突，Python引入包(package)来管理模块文件。包是一个具有层次的文件目录结构，它定义了由若干个模块和子包组成的Python应用程序执行环境。换言之，包是一个包含__init__.py文件的目录，该目录必须包含这个__init__.py文件以及其他模块或子包。

常见的包结构如下：

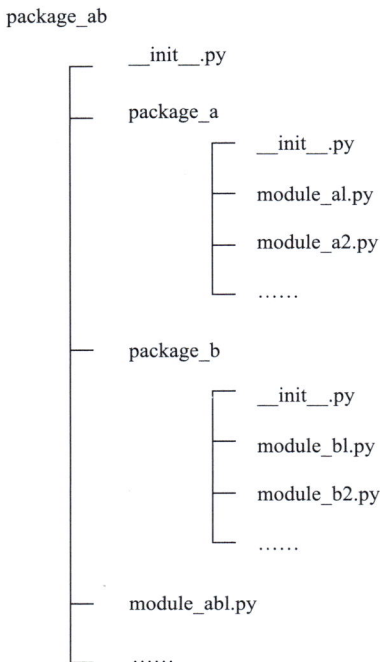

```
package_ab
    ├── __init__.py
    ├── package_a
    │       ├── __init__.py
    │       ├── module_al.py
    │       ├── module_a2.py
    │       └── ……
    ├── package_b
    │       ├── __init__.py
    │       ├── module_bl.py
    │       ├── module_b2.py
    │       └── ……
    ├── module_abl.py
    └── ……
```

只需将模块放置于不同的包中，就可避免模块名冲突。

> ❖ **注意:**
>
> 每个包目录下都必须包含一个__init__.py的文件，否则Python会将该目录视为普通目录，而不是一个包。__init__.py可以是空文件，也可以包含Python代码，它本身就是一个模块。

5. 模块的引用

模块的引用方式如下。

方式1：使用import module_name，其中module_name为模块名。例如：

```
import sys                    # 引用系统内置模块sys
import mymath                 # 引用自定义模块mymath
import mypack.mymath          # 引用包mypack下的自定义模块mymath
```

方式2：使用from module_name import function_name。例如：

```
from random import randint    # 引用系统内置模块random中的函数randint
from mymath import sum        # 引用自定义模块mymath中的函数sum
from mypack.mymath import sum # 引用包mypack下的自定义模块mymath中的函数sum
```

方式3：同时引用多个模块，模块之间用逗号分隔。例如：

```
import sys,module
```

❖ **注意:**

在引入模块之前，必须配置好模块所在目录。可以通过以下方式进行配置：

```
import sys
sys.path.append(模块所在目录)
```

另外，也可以将该目录加入到PYTHONPATH环境变量中，步骤如下(windows 10系统)。

(1) 右击【此电脑】图标🖥。

(2) 在弹出快捷菜单中选择【属性】命令。

(3) 在打开的窗口中选择【高级系统设置】选项。

(4) 在打开的窗口中单击【环境变量】按钮。

(5) 在打开的窗口中进行环境变量的新建和修改。

有关PYTHONPATH环境变量的详细介绍，可参见本书第一章。

3.2.2 自定义模块

自定义模块是将一系列常用功能封装在一个.py文件中。自定义模块的应用一般包括以下几个步骤。

(1) 编辑并调试模块文件，例如mymath.py。

(2) 规划模块存放目录，例如将模块文件放在D:\myLearn\Python\lib。

(3) 配置模块文件目录，即将模块文件目录添加到PYTHONPATH环境变量中，或者在引用该模块的文件中加入以下语句：

```
import sys          # 引用系统内置模块sys
sys.path.append("d:\myLearn\Python\lib")
```

(4) 引用模块。例如：

```
import mymath    # 引用自定义模块mymath
```

下面举例说明。

【实例3-12】

本实例首先定义一个名为mymath.py的模块，该模块中包含4个自定义函数：max( )、min( )、sum( )和mult( )。随后，在另一个模块文件ppb3201.py中使用这些函数。

```
# 程序名称：mymath.py
# 功能：自定义函数模块

# 返回x和y的较大值
def max(x,y):
    if x>y :
        return x
    else:
        return y

# 返回x和y的较小值
def min(x,y):
    if x<y :
        return x
```

```
        else:
            return y

# 返回1+2+…+n的值
def sum(n):
    sum0=0
    for i in range(1,n+1):
        sum0=sum0+i
    return sum0

# 返回n!=1*2*…*n的值
def mult(n):
    mult0=1
    for i in range(1,n+1):
        mult0=mult0*i
    return mult0

class myBox:
    radius=1.0
    def area(self):
        return self.radius*self.radius*3.14

# 程序名称：ppb3201.py
# 功能：模块测试

# import sys
# sys.path.append('D:/myLearn/python/ch03')
import mymath      # 引入自定义模块mymath
import random      # 引入内置模块random

def main():
    # 以下调用内置模块random中的randint()函数
    a=random.randint(1,100)
    b=random.randint(1,100)
    n=random.randint(1,10)

    # 以下调用自定义模块mymath中的函数
    print("max(",a,",",b,")=",mymath.max(a,b))
    print("min(",a,",",b,")=",mymath.min(a,b))
    print("sum(",n,")=",mymath.sum(n))
    print("mult(",n,")=",mymath.mult(n))
main()
```

运行ppb3201.py后输出结果为：

```
max(74,48)=74
min(74,48)=48
sum(6)=21
mult(6)=720
```

3.2.3　Python常用模块

1. time和datetime模块

```
# 导入模块
import time,datetime
```

○　time.clock()：以浮点数计算秒数，返回程序运行的时间。

○　time.sleep(seconds)：使程序休眠指定的秒数，然后再执行后面的语句。

○　time.time()：返回一个浮点型数据。

- time.gmtime(时间戳)：将时间戳转为格林尼治标准时间，返回一个时间元组。
- time.localtime(时间戳)：将时间戳转换为本地时间，返回一个时间元组(例如，在中国时区，加上8个小时)。
- time.mktime(时间元组)：将时间元组转换为时间戳，返回一个浮点数。
- time.asctime(时间元组)：将时间元组转换为字符串。
- time.ctime(时间戳)：将时间戳转换为字符串。
- time.strftime(format,时间元组)：将时间元组转成指定格式的字符串。
- time.strptime(字符串,format)：将指定格式的字符串转换为时间元组。
- datetime.datetime.now( )：获取系统当前时间。
- datetime.datetime(参数列表)：获取指定的时间。
- datetime.strftime("%Y-%m-%d")：将时间对象转换为字符串。

2. random模块

```
# 导入模块
import random
```

- random.choice(列表/元组/字符串)：从列表、元组或字符串中随机挑选一个元素。如果是字符串，则随机挑选一个字符。
- random.randrange([start,]end[,step]：返回一个在[start,end)范围内并且步长为step的随机数。若不指定start，默认为0。在多数情况下如果不指定step，默认为1，但end参数必须提供。
- random.random( )：返回一个[0,1)范围内的随机浮点数。示例如下：

```
num4=random.random()
```

- random.shuffle(列表)：将序列中所有的元素随机排序，直接操作序列(序列发生变化)，没有返回值。
- random.uniform(m,n)：随机产生一个在[m,n]范围内的浮点数。
- random.randint(m,n)：随机产生一个在[m,n]范围内的整数。

3. sys模块

```
# 导入模块
import sys
```

- sys.argv：命令行参数列表，第一个元素是程序本身的路径。
- sys.exit(n)：退出程序，正常退出时使用exit(0)。
- sys.version：获取Python解释器的版本信息。
- sys.path：返回模块的搜索路径，初始化时使用PYTHONPATH环境变量的值。
- sys.platform：返回操作系统平台的名称。
- sys.modules.keys( )：返回所有已导入模块的列表。
- sys.exc_info( )：获取当前正在处理的异常信息，包括exc_type、exc_value和exc_traceback，提供当前处理异常的详细信息。
- sys.maxsize：返回最大的整数值。
- sys.maxunicode：返回最大的Unicode值。
- sys.modules：返回系统导入的模块字典，键为模块名，值为模块对象。

- ○ sys.stdout：标准输出流。
- ○ sys.stdin：标准输入流。
- ○ sys.stderr：标准错误输出流。

下面举例说明。

【实例3-13】

本例利用随机函数生成一对相互独立的标准正态分布的随机变量，这对随机变量可用于蒙特卡罗模拟风险分析。

产生标准正态分布的随机变量$X \backsim N(0, 1)$。

标准正态分布的密度函数为：

$$f(x) = \frac{1}{\sqrt{2\pi}} e^{-\frac{x^2}{2}},\ -\infty < x < +\infty$$

若R_1，R_2是相互独立且在(0, 1)区间均匀分布的随机变量，则随机变量

$$\xi_1 = (-2\ln R_1)^{\frac{1}{2}} \cos 2\pi R_2$$

$$\xi_2 = (-2\ln R_1)^{\frac{1}{2}} \sin 2\pi R_2$$

为一对相互独立的标准正态分布的随机变量。

例如，估计最初投资费用P服从正态分布，均值$\mu = 1500$，标准差$\sigma = 150$。

$$P_1 = 1500 + 150 * (-2\ln R_1)^{\frac{1}{2}} \cos 2\pi R_2$$

$$P_2 = 1500 + 150 * (-2\ln R_1)^{\frac{1}{2}} \sin 2\pi R_2$$

可以使用$(P_1 + P_2) / 2$来模拟P。

```python
# 程序名称：ppb3202.py
# 功能：内置模块应用
import math
import random
def main():
    r1=random.random( )
    r2=random.random( )
    e1=math.sqrt(-2*math.log(r1))*math.cos(2*math.pi*r2)
    e2=math.sqrt(-2*math.log(r1))*math.sin(2*math.pi*r2)
    print("第1个随机价格变量值=%6.2f"%(1500+150*e1))
    print("第2个随机价格变量值=%6.2f"%(1500+150*e2))
    print("价格P的模拟值=%6.2f"%(1500+150*(e2+e1)/2))

main()
```

一次运行的结果为：

```
第1个随机价格变量值=1522.23
第2个随机价格变量值=1307.63
价格P的模拟值=1414.93
```

　　在程序设计时，应尽量减少在循环内部对模块和函数属性的访问。这是因为每次使用"."(属性访问操作符)时，都会触发特定的方法，如__getattribute__()和__getattr__()，这些方法会进行字典操作，从而带来额外的时间开销。为了解决这个问题，可以采取以下措施。

　　(1) 通过from…import语句直接引入所需的属性(例如函数)，这样可以消除对模块和函数属性的访问。

　　(2) 通过适当引入局部变量，减少对模块和函数属性的访问频率。

下面举例说明。

【实例3-14】

```
# 程序名称: ppb3203A.py
# 功能: 循环内部重复对函数的属性进行访问
import math
def createSqrtList(n):
    result=[]
    for i in range(n):
        result.append(math.sqrt(i))       # 对math属性
    return result

def main():
    n=100000
    result=createSqrtList(n)
main()
```

说明:

　　在此程序中，函数createSqrtList( )的函数体内，result.append和math.sqrt(i)都是对模块或函数属性的访问，建议编写代码时不要采用这种方式。

```
# 程序名称: ppb3203B.py
# 功能: 使用import直接引入函数的属性
from math import sqrt
def createSqrtList(n):
    result=[]
    for i in range(n):
        result.append(sqrt(i))            # 避免math.sqrt的使用
    return result

def main():
    n=100000
    result=createSqrtList(n)
main()
```

说明:

　　在此程序中，通过from math import sqrt直接引入了sqrt函数。因此，在函数createSqrtList( )的函数体的循环中，不再使用math.sqrt(i)形式来调用sqrt函数，从而避免了对模块或函数属性的访问。

```
# 程序名称: ppb3203C.py
# 功能: 使用局部变量来避免循环内部重复对函数的属性进行访问
import math
def createSqrtList(n):
    result=[]
    append1=result.append
```

```
    sqrt1=math.sqrt
    for i in range(n):
        append1(sqrt1(i))
    return result

def main():
    n=100000
    result=createSqrtList(n)
main()
```

说明：

在此程序中，createSqrtList( )函数的函数体内定义了局部变量(append1=result.append和sqrt1=math.sqrt)，以避免在循环内部对模块或函数属性的访问。

3.3　本章小结

本章主要介绍了函数的定义与调用、函数参数传递的几种形式、lamdba表达式、map( )函数和reduce( )函数、函数递归的概念、模块的含义、自定义模块及其应用，以及常用函数和内置模块的应用。

3.4　思考和练习

1. 自定义一个函数，实现以下功能，并展示如何调用该函数：

$$f(n) = \frac{1}{1\times 2} + \frac{1}{2\times 3} + \cdots + \frac{1}{n\times(n+1)}$$

2. 自定义一个无名函数，并展示如何调用该函数。

3. 自定义一函数，并使用map( )函数将其作用于列表。

4. 利用reduce( )函数实现斐波拉契数列的计算。

5. 自定义一个模块，并展示如何使用该模块。

第4章

常见数据结构

在Python语言中，常见的数据结构包括字符串、元组、列表、集合、字典、栈和队列。这些数据结构在实际应用中有着广泛的用途。开发程序时，既可以利用Python语言提供的大量内置函数或方法来实现特定功能，也可以编写特定函数以满足个性化需求。因此，掌握这些数据结构的特点及其相应的函数或方法是非常重要的。

本章学习目标：
- 理解字符串的含义、操作、相关函数与方法，以及实际应用场景
- 理解列表的含义、操作、相关函数与方法，以及实际应用场景
- 理解元组的含义、操作、相关函数与方法，以及实际应用场景
- 理解集合的含义、操作、相关函数与方法，以及实际应用场景
- 理解字典的含义、操作、相关函数与方法，以及实际应用场景
- 理解栈和队列的含义、操作、相关函数与方法，以及实际应用场景

4.1 字符串

4.1.1 字符串概述

字符串(string)是由数字、字母、下画线组成的有序字符序列。通常表示为：

$$S = "a_1 a_2 \cdots a_n" (n \geqslant 0)$$

或

$$S = 'a_1 a_2 \cdots a_n' (n \geqslant 0)$$

其中，n为字符串的长度，当$n=0$时为空字符串；当$n=1$时为单字符串。需要注意的是，Python没有单独的字符类型，单字符可用单字符串来表示。

1. 字符串运算

1) 字符串连接：+运算

格式为：

```
s3=s1+s2
```

作用是将字符串s1和s2连接起来，生成一个新的字符串s3。例如：

```
s1="123"
s2="abc"
s3=s1+s2   # "123abc"
```

2) 字符串重复复制运算：*运算

格式为：

```
s2=s1*n
```

作用是将字符串s1复制n倍，生成一个新的字符串s2。例如：

```
s1="abc"
s2=s1*2   # "abcabc"
print("s2=",s2)
```

3) 成员运算符：in运算

格式为：

```
s2 in s1
```

作用是判断字符串s2是否是s1的子串，若是则返回 True。例如：

```
s1="abcdef"
print("a在字符串s1中否? ", "a" in s1)      # True
print("cd在字符串s1中否? ", "cd" in s1)     # True
print("g在字符串s1中否? ", "g" in s1)       # False
```

> ❖ **提示：**
>
> 对于字符串序列来说，成员运算符左侧的操作数必须为字符串类型，否则会引发TypeError错误。例如：
>
> ```
> s1=' abcde123 '
> print(1 not in s1)
> Traceback (most recent call last):
>   File "test1.py", line 2, in <module>
>     print(1 not in s1)
> TypeError: 'in <string>' requires string as left operand, not int
> ```

2. 字符串索引与切片

1) 索引号规则

在Python中，构成有序序列(如字符串、列表等)的n个元素的索引号规则如下：从左到右依次为0,1,2,…,n-1；从右到左依次为-1,-2,…,-n，详见表4-1。

表4-1　索引号变化规律

从左向右索引	0	1	…	n-2	n-1
从右向左索引	-n	-n+1	…	-2	-1
序列			…		

表4-1中表示序列中的第i个元素。显然，正索引号和负索引号之间存在以下关系：

正索引号=负索引号+len(序列)

其中，len(序列)表示序列长度。字符串s="I-love-Python"的索引号变化规律详见表4-2。

表4-2　字符串s的索引号变化规律

从左向右索引	0	1	2	3	4	5	6	7	8	9	10	11	12
从右向左索引	-13	-12	-11	-10	-9	-8	-7	-6	-5	-4	-3	-2	-1
序列	I	-	l	o	v	e	-	P	y	t	h	o	n

有序序列的索引和切片规则是相似的，下面以字符串s="I-love-Python"为例，说明索引和切片的使用。

2) 索引

索引是通过索引号获取序列中某个元素的方式。

○ 正向索引：正向索引从0开始，向右依次递增。例如：

```
s[0]        # "I"
s[5]        # "e"
```

○ 反向索引：反向索引从-1开始，向左依次递减。例如：

```
s[-1]       # "n"
s[-5]       # "y"
```

3) 切片

切片是截取有序序列的部分或全部元素。序列切片的形式有以下三种。

形式1：序列[index]

截取索引号为index的元素。例如：

```
s[-3]       # "o"
s[5]        # "e"
```

形式2：序列[start:end]

从左向右截取索引号start到end之间的元素，但不包括end。如果省略start，则默认为从最左侧开始截取；如果省略end，则表示截取到最右侧。索引号start和end可以是正数或负数，但通常要求索引号start位于索引号end的左侧，否则截取的内容将为空。例如：

```
s="I-love-Python"
print("s[1:3]=",s[1:3])          # s[1:3]="-l"
print("s[-3:-1]=",s[-3:-1])      # s[-3:-1]="ho"
print("s[2:-1]=",s[2:-1])        # s[2:-1]="love-Pytho"
print("s[2:]=",s[2:])            # s[2:]="love-Python"
print("s[:-1]=",s[:-1])          # s[:-1]="I-love-Pytho"
print("s[-1:-3]",s[-1:-3])       # s[-1:-3]=""
print("s[-10:5]=",s[-10:5])      # s[-10:5]="ov"
```

形式3：序列[start:end:step]

当step大于0时，从左向右截取索引号start至索引号end之间元素，但不包括end。如果省略start，则默认从最左侧开始截取；如果省略end，则表示截取到最右边。索引号start和end可以是正数或负数，但通常要求索引号start位于索引号end的左侧，否则截取内容将为空。例如：

```
print("s[1:10:2]=",s[1:10:2])    # s[1:10:2]="-oePt"
print("s[2::2]=",s[2::2])        # s[2::2]="lv-yhn"
print("s[:5:2]=",s[:5:2])        # s[:5:2]="Ilv"
```

```
print("s[:-5:2]=",s[:-5:2])       # s[:-5:2]="Ilv-"
```

当step小于0时，从右向左截取索引号start至索引号end之间元素，但不包括end。如果省略start，则默认为从最右侧开始截取；如果省略end，则表示截取到最左边。索引号start和end可以是正数或负数，但通常要求索引号start位于索引号end的右侧，否则截取内容将为空。例如：

```
print("s[::-1]=",s[::-1])        # s[::-1]="nohtyP-evol-I"
print("s[::-2]=",s[::-2])        # s[::-2]="nhy-vlI"
print("s[9:-6-2]=",s[::-2])      # s[9:-6-2]="nhy-vlI"
print("s[6:0:-2]=",s[6:0:-2])    # s[6:0:-2]="-vl"
```

> ❖ 提示：
>
> 判断索引号start是否位于索引号end左侧的一个小技巧是，将这两个索引号转换为对应的正索引号，如果索引号start对应的正索引号小于索引号end对应的正索引号，则说明索引号start位于索引号end的左侧。
>
> 正索引号=负索引号+len(序列)
>
> 其中，len(序列)函数用于求序列的长度。

3. 字符串格式化

在Python中，字符串格式化主要有两种方式：%格式符方式和format方式。

1) %格式符

基本格式为：

```
%[(name)][flags][width].[precision]typecode
```

相关参数说明详见表4-3。

表4-3　相关参数说明(%格式符)

参数		说明
(name)		可选，用于选择指定的key
flags (可选)	+	右对齐，正数前加正号，负数前加负号
	−	左对齐，正数前无符号，负数前加负号
	空格	右对齐，正数前加空格，负数前加负号
	0	右对齐，正数前无符号，负数前加负号，用0填充空白处
width		可选，占用的宽度
.precision		可选，小数点后保留的位数
typecode (可选)	s	获取传入对象的__str__方法的返回值，并将其格式化到指定位置
	r	获取传入对象的__repr__方法的返回值，并将其格式化到指定位置
	c	将整数数字转换成其unicode对应的值，并将字符添加到指定位置
	o	将整数转换成八进制表示，并将其格式化到指定位置
	x	将整数转换成十六进制表示，并将其格式化到指定位置
	d	将整数或浮点数转换成十进制表示，并将其格式化到指定位置
	e(E)	将整数或浮点数转换成科学计数法，并将其格式化到指定位置
	f(F)	将整数或浮点数转换成浮点数表示，并将其格式化到指定位置(默认保留小数点后6位)
	g(G)	自动选择将整数或浮点数转换成浮点型或科学计数法表示(超过6位数用科学计数法)，并将其格式化到指定位置
	%	当字符串中存在格式化标志时，需要用 %%表示一个百分号

下面举例说明。

【实例4-1】

```
# 程序名称：ppb4101.py
# 功能：字符串格式化：%格式化
def main():
    name1=input("输入姓名：")
    age1=int(input("输入年龄："))
    score1=float(input("输入分数："))
    # 1.不指定width和precision
    sf="name=%s,age=%d,score=%f"
    print(sf %(name1,age1,score1))
    # 2.指定width和precision
    sf="name=%15s, age=%5d, score=%8.2f"
    print( sf%(name1,age1,score1))
    # 3.指定占位符宽度(左对齐)
    sf="name=%-15s, age=%-5d, score=%-8.2f"
    print(sf%(name1,age1,score1))
    # 4.指定占位符(只能用0当占位符？)
    sf="name=%-15s, age=%05d, score=%08.2f"
    print(sf%(name1,age1,score1))
    # 5.选择指定的key。
    sf="name=%(name)s, age=%(age)d, score=%(score)f"
    print(sf%{'name':name1,'age':age1,'score':score1})

main()
```

输出结果为：

```
输入姓名：张三
输入年龄：30
输入分数：89
name=张三,age=30,score=89.000000
name=张三,age=30,score=   89.00
name=张三,age=30,score=89.00
name=张三,age=00030,score=00089.00
name=张三,age=30,score=89.000000
```

2) format方式

基本格式为：

```
[[[fill]align][sign][#][0][width][,][.precision][type]
```

相关参数说明详见表4-4。

表4-4　参数说明(format方式)

参数		说明
fill		可选，空白处填充的字符
align(可选，用于指定对齐方式，但需配合width参数使用)	<	内容左对齐
	>	内容右对齐(默认)
	=	内容右对齐，将符号放置在填充字符的左侧，且只对数字类型有效
	^	内容居中
sign(可选，有无符号数字)	+	正号加正，负号加负
	-	正号不变，负号加负
	空格	正号空格，负号加负
#		可选，对于二进制、八进制和十六进制，如果加上#，会显示0b、0o或0x，否则不显示前缀

(续表)

参数		说明
0		用0填充空白部分
,		可选，为数字添加分隔符，例如1,000,000
width		可选，格式化位所占宽度
.precision		可选，小数位保留精度
type(可选，格式化类型)	s	格式化字符串类型数据
	空白	未指定类型，则默认是None(与s类似)
	b	将十进制整数自动转换成二进制表示并进行格式化
	c	将十进制整数自动转换为其对应的unicode字符
	d	格式化十进制整数
	o	将十进制整数自动转换成八进制表示并进行格式化
	x(X)	将十进制整数自动转换成十六进制表示并进行格式化(小写x)
	e(E)	转换为科学计数法(小写e)表示，然后格式化
	f(F)	转换为浮点型(默认小数点后保留6位)表示并进行格式化
	g(G)	自动在e和f中切换
	%	显示百分比(默认显示小数点后6位)

下面举例说明。

【实例4-2】

```
# 程序名称：ppb4102.py
# 功能：字符串格式化：format
def main()
    stdname=input("输入姓名：")
    age=int(input("输入年龄："))
    score=float(input("输入分数："))

    # 1.使用参数位置格式
    print("1.使用参数位置格式")
    sf="stdname={0},age={1},score={2}"
    print(sf.format(stdname,age,score))
    list1=[stdname,age,score]
    print(sf.format(*list1))        # 列表参数
    tup1=(stdname,age,score)
    print(sf.format(*tup1))         # 元组参数

    # 2.使用参数名
    print("2.使用参数名")
    sf="stdname={stdname},age={age},score={score}"
    print(sf.format(stdname=stdname,age=age,score=score))
    dict1={'stdname':stdname,'age':age,'score':score}
    print(sf.format(**dict1))    # 字典参数

    # 3.设置格式化的输出宽度、填充、对齐方式
    print("3.设置格式化的输出宽度、填充、对齐方式")
    sf="stdname={0:*<10},age={1:*<10},score={2:*<10}"    # 左对齐
    print(sf.format(stdname,age,score))
    sf="stdname={0:*^10},age={1:*^10},score={2:*^10}"    # 居中
    print(sf.format(stdname,age,score))
    sf="stdname={0:*>10},age={1:*>10},score={2:*>10}"    # 右对齐
    print(sf.format(stdname,age,score))

    # 4.设置输出格式：宽度与小数位
```

```
print("4.设置输出格式：宽度与小数位")
sf="stdname={0:15s},age={1:5d},score={2:8.2f}"
print(sf.format(stdname,age,score))
sf="stdname={0:15s},age={1:05d},score={2:08.2f}"
print(sf.format(stdname,age,score))

main()
```

输出结果为：

```
输入姓名：张三
输入年龄：30
输入分数：89
1.使用参数位置格式
stdname=张三,age=30,score=89.0
stdname=张三,age=30,score=89.0
stdname=张三,age=30,score=89.0
2.使用参数名
stdname=张三,age=30,score=89.0
stdname=张三,age=30,score=89.0
3.设置格式化的输出宽度、填充、对齐方式
stdname=张三********,age=30********,score=89.0******
stdname=****张三****,age=****30****,score=***89.0***
stdname=********张三,age=********30,score=******89.0
4.设置输出格式：宽度与小数位
stdname=张三,age=30,score=89.00
stdname=张三,age=00030,score=00089.00
```

4.1.2　字符串常见函数及方法

1. 去掉空格和特殊符号

○ s.strip( )：去掉字符串两端的空格和换行符。

○ s.strip('xx')：去掉字符串两端的指定字符xx。

○ s.lstrip( )：去掉字符串左侧的空格和换行符。

○ s.rstrip( )：去掉字符串右侧的空格和换行符。

2. 字符串的搜索和替换

○ s.count(s1)：查找字符串s1在字符串s中出现的次数。

○ s.capitalize( )：将字符串的首字母大写。

○ s.center(n,'-')：将字符串居中，并用-填充左右两侧，以达到指定宽度n。

○ s.find(s1)：在字符串s中查找s1，如果存在则返回第一个匹配的下标；如果不存在，则返回-1。

○ s.index(s1)：在字符串s中查找s1，如果存在则返回第一个匹配的下标；如果不存在，则会引发错误。

○ s.replace(oldstr,newstr)：将字符串s中的子串oldstr替换为字符串newstr。

○ s.format( )：用于字符串格式化。

3. 字符串的测试

○ s.startswith(prefix[,start[,end]])：检查字符串是否以prefix开头。

○ s.endswith(suffix[,start[,end]])：检查字符串是否以suffix结尾。

○ s.isalnum( )：检查字符串是否由字母和数字组成，并至少包含一个字符。

- s.isalpha( )：检查字符串是否由字母组成，并至少包含一个字符。
- s.isdigit( )：检查字符串是否由数字组成，并至少包含一个字符。
- s.isspace( )：检查字符串是否只包含空白字符，并至少包含一个字符。
- s.islower( )：检查字符串中的字母是否全为小写。
- s.isupper( )：检查字符串中的字母是否全为大写。
- s.istitle( )：检查字符串中每个单词的首字母是否大写。

4. 字符串分割

- s.split( )：默认按照空格分割字符串。
- s.split(splitter)：按照指定的分隔符splitter分割字符串。

5. 字符串连接

joiner.join(slit)：使用连接字符串joiner将slit中的元素连接成一个字符串。slit可以是字符串、列表或字典(可迭代的对象)。需要注意的是，int类型的元素不能直接连接。

❖ **特别提示：**

在字符串拼接时，应使用join()方法而不是+操作符。当使用a + b拼接字符串时，由于Python中字符串是不可变对象，系统会申请一块新的内存空间，并将a和b分别复制到这块新内存空间中。因此，如果要拼接n个字符串，会产生n个中间结果，每产生一个中间结果都需要申请和复制一次内存，这将严重影响运行效率。使用join()方法拼接字符串时，会首先计算出需要申请的总内存空间，然后一次性申请所需的内存，并将每个字符串元素复制到这块内存中。

【实例4-3】

```python
# 程序名称：ppb4103.py
# 功能：演示字符串连接的两种方式
# 方式1：采用+连接生成
def concatStr1(list1):
    result=''
    for str_i in list1:
        result=result+str_i        # 使用+
    return result

# 方式2：使用join()函数
def concatStr2(list1):
    return ''.join(list1)          # 使用join()
def main():
    list1=["This","is","Python! "]
    print("方式1=",concatStr1(list1))
    print("方式2=",concatStr2(list1))
main()
```

6. 截取字符串(切片)

假设字符串s='0123456789'，通过切片操作截取字符串的示例及说明如下：

```python
s='0123456789'
print(s[0:3])        # 截取第1位到第3位的字符(不包括第3位)
print(s[:])          # 截取字符串的全部字符
print(s[6:])         # 截取第7个字符到结尾
print(s[:-3])        # 截取从头开始到倒数第3个字符之前的部分
print(s[2])          # 截取第3个字符
print(s[-1])         # 截取倒数第1个字符
```

```
print(s[::-1])    # 创造一个与原字符串顺序相反的字符串
print(s[-3:-1])   # 截取倒数第3位与倒数第1位之前的字符
print(s[-3:])     # 截取倒数第3位到结尾
print(s[:-5:-3])  # 逆序截取
```

7. string模块

string模块提供了许多字符串常量，可以直接导入使用：

```
import string
```

以下是string模块中一些常用的字符串常量及其说明。

- string.ascii_uppercase：包含所有大写字母。
- string.ascii_lowercase：包含所有小写字母。
- string.ascii_letters：包含所有字母(大写和小写)。
- string.digits：包含所有数字。

❖ **注意：**

对字符串的操作方法不会改变原来字符串的值。

4.1.3 字符串应用举例

【实例4-4】

```
# 程序名称: ppb4104.py
# 功能：字符串

def createStr():
    # 字符串创建
    print("字符串创建......")
    s1="12567"               # 赋值生成一个集合
    s2=""  # 空串
    list1=["Noah","Jordon","James","Kobe"]
    s3=str(list1)            # 调用str()方法由列表创建字符串
    tup1=("Noah","Jordon","James","Kobe")
    s4=str(tup1)             # 调用set()方法由元组创建字符串
    set1={"Noah","Jordon","James","Kobe"}
    s5=str(set1)             # 调用str()方法由集合创建字符串
    print("s1=",s1)
    print("s2=",s2)
    print("s3=",s3)
    print("s4=",s4)
    print("s5=",s5)

def operateStr():
    # 字符串运算
    # +：字符串连接
    print("+：字符串连接......")
    s1="123"
    s2="abc"
    s3=s1+s2
    print("s1=",s1)
    print("s2=",s2)
    print("s3=",s3)

def repeatStr():
```

```
        # *：重复输出字符串
        print("*：重复输出字符串......")
        s1="abc"
        s2=s1*2
        print("s1=",s1)
        print("s2=",s2)

    def sliceStr():
        # []：通过索引获取字符串中字符
        # [:]：截取字符串中的一部分
        print("*索引与切片......")
        s1="0123456789"
        print("s1[0:3]=",s1[0:3])                # 截取第1位到第3位的字符
        print("s1[:]=",s1[:])                    # 截取字符串的全部字符
        print("s1[6:]=",s1[6:])                  # 截取第7个字符到结尾
        print("s1[:-3]=",s1[:-3])                # 截取从头开始到倒数第3个字符之前
        print("s1[2]=",s1[2] )                   # 截取第3个字符
        print("s1[-1]=",s1[-1])                  # 截取倒数第1个字符
        print(" s1[::-1]=", s1[::-1])            # 创造一个与原字符串顺序相反的字符串
        print("s1[-3:-1]=",s1[-3:-1] )           # 截取倒数第3位与倒数第1位之前的字符
        print("s1[-3:]=",s1[-3:])                # 截取倒数第3位到结尾
        print("s1[:-5:-3]=",s1[:-5:-3])          # 逆序截取

    def inStr():
        # in：成员运算符：如果字符串中包含给定的字符，则返回True
        print("in：成员运算符......")
        s1="abcdef"
        print("a在字符串s1中否? ", "a" in s1)
        print("cd在字符串s1中否? ", "a" in s1)
        print("g在字符串s1中否? ", "g" in s1)

    def othersStr():
        # 字符串常见方法
        print("字符串常见方法......")
        # 1.去掉空格和特殊符号
        # s.strip()：去掉空格和换行符
        print("a bcd ef.strip()=","a bcd ef ".strip())
        # s.strip('xx')：去掉某个字符串
        s1="abcdabef"
        print(s1+".strip('ab')=",s1.strip('ab'))
        # s.lstrip()：去掉左边的空格和换行符
        # s.rstrip()：去掉右边的空格和换行符
        # 2.字符串的搜索和替换
        # s.count('x')：查找某个字符在字符串里面出现的次数
        print(s1+".count('a')=",s1.count('a'))
        # s.capitalize()：首字母大写
        # s.center(n,'-')：将字符串放中间'两边用-补齐
        # s.find('x')：找到这个字符返回下标'(多个)时返回第一个；不存在的字符返回-1
        print(s1+".find('c')=",s1.find('c'))
        print(s1+".find('g')=",s1.find('g'))
        # s.index('x')：找到这个字符返回下标'(多个)时返回第一个；不存在的字符报错
        print(s1+".index('b')=",s1.index('b'))
        # s.replace(oldstr, newstr)：字符串替换
        print(s1+".replace('ab','Java')=",s1.replace('ab','Java'))
        # 3.字符串的测试和替换函数
        # s.startswith(prefix[,start[,end]]) ：是否以prefix开头
        # s.endswith(suffix[,start[,end]]) ：以suffix结尾
        # s.isalnum()：是否全是字母和数字'并至少有一个字符
        # s.isalpha()：是否全是字母'并至少有一个字符
        # s.isdigit()：是否全是数字'并至少有一个字符
        # s.isspace()：是否全是空白字符'并至少有一个字符
        # s.islower()：检查字符串s中的字母是否全是小写
        # s.isupper()：检查字符串s中的字母是否都是大写字母
```

```
        # s.istitle(): 检查字符串s是否是首字母大写的

def splitStr():
    # 4.字符串分割
    print("字符串分割......")
    s2="Noah Jordon James Kobe"
    # s.split(): 默认是按照空格分割
    print(s2+".split()=",s2.split())
    # s.split(','): 按照逗号分割
    s2="Noah,Jordon,James,Kobe"
    print(s2+".split()=",s2.split(','))
    s2="Noah*Jordon*James*Kobe"
    print(s2+".split()=",s2.split('*'))
    s2="Noah*# Jordon*# James*# Kobe"
    print(s2+".split()=",s2.split('*# '))

def joinStr():
    # 5.字符串连接
    print("字符串连接......")
    list1=['This','is','Python']
    print("join=",','.join(list1))
    print("join=",'-'.join(list1))
    print("join=",'*'.join(list1))
    print("join=",'# # '.join(list1))

def showStringModule():
    # 7.string 模块
    print("string模块应用......")
    import string
    print("所有大写字母=",string.ascii_uppercase)    # 所有大写字母
    print("所有小写字母=",string.ascii_lowercase)    # 所有小写字母
    print("所有字母=",string.ascii_letters)          # 所有字母
    print("所有数字=",string.digits)                 # 所有数字

def main():
    createStr()
    operateStr()
    sliceStr()
    inStr()
    othersStr()
    splitStr()
    joinStr()
    showStringModule()

main()
```

输出结果为:

```
字符串创建......
s1=12567
s2=
s3=['Noah','Jordon','James','Kobe']
s4=('Noah','Jordon','James','Kobe')
s5={'Jordon','Noah','James','Kobe'}
+：字符串连接......
s1=123
s2=abc
s3=123abc
*索引与切片......
s1[0:3]=012
s1[:]=0123456789
s1[6:]=6789
s1[:-3]=0123456
```

```
s1[2]=2
s1[-1]=9
s1[::-1]=9876543210
s1[-3:-1]=78
s1[-3:]=789
s1[-5:-3]=96
in: 成员运算符......
a在字符串s1中否? True
cd在字符串s1中否? True
g在字符串s1中否? False
字符串分割......
Noah Jordon James Kobe.split()=['Noah', 'Jordon', 'James', 'Kobe']
Noah,Jordon,James,Kobe.split()=['Noah', 'Jordon', 'James', 'Kobe']
Noah*Jordon*James*Kobe.split()=['Noah', 'Jordon', 'James', 'Kobe']
Noah*# Jordon*# James*# Kobe.split()=['Noah', 'Jordon', 'James', 'Kobe']
字符串连接......
join=This,is,Python
join=This-is-Python
join=This*is*Python
join=This# # is# # Python
string模块应用......
所有大写字母=ABCDEFGHIJKLMNOPQRSTUVWXYZ
所有小写字母=abcdefghijklmnopqrstuvwxyz
所有字母=abcdefghijklmnopqrstuvwxyzABCDEFGHIJKLMNOPQRSTUVWXYZ
所有数字=0123456789
```

【实例4-5】

利用字符串函数实现特定功能。

(1) 将字符串s2插入到字符串s1的第i个字符后面。

分析：如图4-1所示，最终的字符串s1可以看作由"$a_1a_2\cdots a_i$"、"$b_1b_2\cdots b_m$"和"$a_{i+1}a_{i+2}\cdots a_n$"连接而成。因此，可以先将s1分成s3(="$a_1a_2\cdots a_i$")和s4(="$a_{i+1}a_{i+2}\cdots a_n$")两部分，最后将s3和s2连接成新的s3，最后将新的s3与s4连接起来形成最终的s1。

图4-1(a)为插入子串前的状态；图4-1(b)是插入子串后的状态。

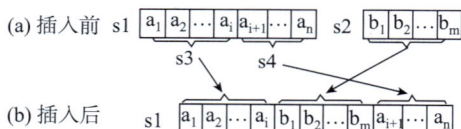

图 4-1 将字符串 s2 串插入到字符串 s1 的第 i 个字符后

算法如下：

```
# 将字符串s2插入到字符串s1串的第i个字符后
def insertStr(s1,s2, i):
    return "".join([s1[0:i],s2,s1[i:]])
    # return s1[0:,i]+s2+s1[i:]
```

(2) 删除字符串s中第i个字符开始的连续j个字符。

分析：如图4-6所示，删除前的字符串s可以看作由"$a_1a_2\cdots a_{i-1}$"(记为s1)、"$a_ia_{i+1}\cdots a_{i+j-1}$"(记为s2)和"$a_{i+j}\cdots a_n$"(记为s3)连接而成。删除后的字符串s可以看作由s1和s3连接而成。

图4-2(a)是删除子串前的状态；图4-2(b)是删除子串后的状态。

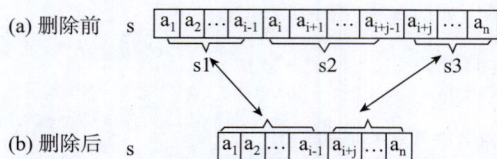

图 4-2 删除字符串 s 中第 i 个字符开始的连续 j 个字符

算法如下：

```
# 删除字符串s中第i个字符开始的连续j个字符
def deleteStr(s,i,j):
    return "".join([s[0:i-1],s[i+j-1:]])
    # return s[0:i-1]+s[i+j-1:]
```

(3) 从字符串s1中删除所有和字符串s2相同的子串。

设：

```
s1="abcabefabgha"
s2="ab"
```

则从字符串 s1 中删除所有和字符串s2相同的子串后，得到s1="cefgha"。

如图4-3所示，图4-3(a)是删除子串前的状态；图4-3(b)是删除子串后的状态。

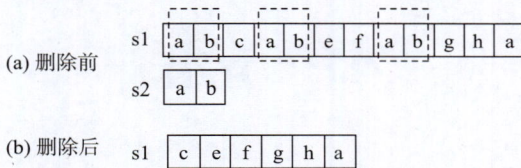

图 4-3 从字符串 s1 中删除所有和字符串 s2 相同的子串

分析：利用index算法可以找到字符串s2在字符串s1中的位置，而通过StrDelete算法可以删除s1中从某个位置开始的若干连续字符。通过循环使用index和StrDelete算法，可以从字符串s1中删除所有与字符串s2相同的子串。

算法如下：

```
# 从字符串s1中删除所有和字符串s2相同的子串
def deleteStrAll(s1,s2):
    s0=""
    len2=len(s2)
    j=s1.find(s2);
    #print("si="+s1+" s2="+s2+ " j="+j);
    while(j>=0) :
        s0=deleteStr(s1,j+1,len2);
        #print("s1="+s1+" s0="+s0);
        s1=s0
        j=s1.find(s2)
    return s0
```

可以使用以下程序进行验证。

```
# 程序名称：ppb4105.py
# 功能：字符串应用
# 将字符串s2插入到字符串s1的第i个字符后面
def insertStr(s1,s2, i):
    return "".join([s1[0:i],s2,s1[i:]])
    # return s1[0:,i]+s2+s1[i:]
```

```
# 删除字符串s中第i个字符开始的连续j个字符
def deleteStr(s,i,j):
    return "".join([s[0:i-1],s[i+j-1:]])
    # return s[0:i-1]+s[i+j-1:]

# 从字符串s1中删除所有和字符串s2相同的子串
def deleteStrAll(s1,s2):
    len2=len(s2)
    j=s1.find(s2)
    while(j>=0):
        s1=deleteStr(s1,j+1,len2)
        j=s1.find(s2)
    return s1

def main():
    s1="abcabefabgha"
    s2="ab"
    print("s1=",s1)
    print("s2=",s2)
    print(insertStr(s1,s2, 3))
    print(deleteStr(s1,1, 2))
    print("deleteStrAll(s1,s2)=",deleteStrAll(s1,s2))

main()
```

4.2 元组

4.2.1 元组概述

元组(tuple)是若干个元素构成的序列，由小括号()标识。元组中的元素类型可以不相同，可以是数字、字符串、列表、元组、集合、字典等。

1. 元组创建

元组可通过多种方式创建。例如，通过赋值、调用tuple()函数从列表、集合、字符串等创建。元组可以为空，表示为()；也可以只有一个元素。需要注意的是，当元组只有一个元素时，后面的逗号是必不可少的，否则它将被视为普通数值而非元组。例如：

```
tup1=(1, 2, 3, 4, 5 )
tup2="a", "b", "c", "d"   # 不需要括号也可以创建元组
tup3=()                   # 创建空元组
tup4=(50,)                # 创建只有一个元素的元组(逗号不能少)
tup5=tuple('abcdef')      # 由字符串创建元组('a', 'b', 'c', 'd', 'e', 'f')
list1=["Jordon",1,"Kobe",2,"James",3]
tup5=tuple(list1)         # 由列表创建元组("Jordon",1,"Kobe",2,"James",3)
set1={"Jordon",1,"Kobe",2,"James",3}
tup7=tuple(set1)          # 由集合创建元组("Jordon",1,"Kobe",2,"James",3)
dict1={1: '费德勒', 2: '纳达尔', 3: '德约科维奇',4: '桑普拉斯'}
tup8=tuple(dict1)         # 由字典创建元组(1,2,3,4)
```

2. 元组截取

与字符串和列表类似，元组也可以通过索引进行切片操作，从而截取部分元素生成新的元组。

从左向右，索引下标依次为：0,1,2,…。

从右向左，索引下标依次为：–1,–2,–3,…。

例如：

```
tup1=("Jordon",1,"Kobe",2,"James",3)
print("tup1[0]: ", tup1[0])          # 结果为"Jordon"
print("tup1[2:4]: ", tup1[2:4])      # 结果为("Kobe",2)
```

3. 元组运算

1) 元组连接

使用+运算符可以将两个元组连接为一个新元组。例如：

```
tup1=("Noah","Jordon","James","Kobe")
tup2=("Curry","James","Dulant","Jordon")
tup3=tup1+tup2
```

元素tup3结果为：

```
("Noah","Jordon","James","Kobe","Curry","James","Dulant","Jordon")
```

2) 元组复制

可以将元组复制多次，从而生成新的元组。例如：

```
print("元组复制......")
tup1=("Curry","James")
tup2=tup1*3
print("tup1*3=",tup2)
```

元素tup2结果为：

```
("Curry","James","Curry","James","Curry","James")
```

3) 判断元素是否属于元组

可以使用in运算符判断某个元素是否在元组中。例如：

```
tup1=("Noah","Jordon","James","Kobe")
print("Curry属于tup1否? ",'Curry' in tup1)  # False
print("James属于tup1否? ",'James' in tup1)  # True
```

4) 计算元组中元素的数量

使用len()函数可以计算元组中的元素数量。例如：

```
tup1=("Noah","Jordon","James","Kobe")
print("元组tup1的长度=",len(tup1))   # 4
```

5) 找到元组中的最大值和最小值

可以使用max()函数和min()函数来找到元组中的最大值和最小值。例如：

```
tup1=("Noah","Jordon","James","Kobe")
print("元组tup1的最大值=",max(tup1))  # Noah
# 3、min(tuple):返回元组中元素最小值
tup1=("Noah","Jordon","James","Kobe")
print("元组tup1的最小值=",min(tup1))  # James
```

4.2.2　元组常用函数和方法

元组常用函数和方法详见表4-5和表4-6。

表4-5　元组常用函数

序号	函数	功能
1	len(tuple)	计算元组元素个数。
2	max(tuple)	返回元组中元素最大值。
3	min(tuple)	返回元组中元素最小值。
4	tuple(seq)	将序列转换为元组。

表4-6　元组常用方法

序号	方法	功能
1	tup.index(x[,i[,j]])	x在tup中首次出现项的索引号(索引号在i或其后在j之前)
2	tup.count(x)	x在tup中出现的总次数

4.2.3　元组应用举例

【实例4-6】

```python
# 程序名称：ppb4201.py
# 功能：元组

# 1.元组创建
def createTuple():
    print("元组创建......")
    tup1=(1, 2, 3, 4, 5 )          # 赋值生成元组
    print("tup1=", tup1)
    tup2="a", "b", "c", "d"        # 不需要括号也可以创建元组
    print("tup2=", tup2)
    tup3=()                        # 创建空元组
    print("tup3=", tup3)
    tup4=(50,)                     # 创建只有一个元素的元组(逗号不能少)
    print("tup4=", tup4)
    tup5=tuple('abcdef')           # 调用tuple()由字符串创建元组
    print("tup5=", tup5)
    list1=["Jordon",1,"Kobe",2,"James",3]
    tup6=tuple(list1)              # 调用tuple()由列表创建元组
    print("tup6=", tup6)
    set1={"Jordon",1,"Kobe",2,"James",3}
    tup7=tuple(set1)               # 调用tuple()由集合创建元组
    print("tup7=", tup7)
    dict1={1: '费德勒', 2: '纳达尔', 3: '德约科维奇',4: '桑普拉斯'}
    tup8=tuple(dict1)              # 由字典创建元组
    print("tup8=", tup8)

# 2.元组截取
def sliceTuple():
    print("元组截取演示......")
    tup1=("Jordon",1,"Kobe",2,"James",3)
    print("tup1[0]: ", tup1[0])
    print("tup1[1:5]: ", tup1[1:5])

# 3.元组运算符
def addTuple():
    # 元组连接+
    print("元组连接......")
    tup1=("Noah","Jordon","James","Kobe")
    tup2=("Curry","James","Dulant","Jordon")
```

```
    tup3=tup1+tup2
    print("tup1=",tup1)
    print("tup2=",tup2)
    print("tup1+tup2=",tup3)

# 元素复制
def repeatTuple():
    print("元组复制......")
    tup1=("Curry","James")
    tup2=tup1*3
    print("tup1=",tup1)
    print("tup1*3=",tup2)

# 判断某元素是否属于元组
def inTuple():
    print("判断某元素是否属于元组......")
    tup1=("Noah","Jordon","James","Kobe")
    print("Curry属于tup1否? ",'Curry' in tup1)
    print("James属于tup1否? ",'James' in tup1)

def mathTuple():
    # 1、len(tuple)：计算元组元素个数
    tup1=("Noah","Jordon","James","Kobe")
    print("元组tup1=",tup1)
    print("元组tup1的长度=",len(tup1))
    # 2、max(tuple)：返回元组中元素最大值
    tup1=("Noah","Jordon","James","Kobe")
    print("元组tup1=",tup1)
    print("元组tup1的最大值=",max(tup1))
    # 3、min(tuple)：返回元组中元素最小值
    tup1=("Noah","Jordon","James","Kobe")
    print("元组tup1=",tup1)
    print("元组tup1的最小值=",min(tup1))

def main():
    createTuple()
    sliceTuple()
    addTuple()
    repeatTuple()
    inTuple()
    mathTuple()

main()
```

输出结果为：

```
元组创建......
tup1=(1, 2, 3, 4, 5)
tup2=('a', 'b', 'c', 'd')
tup3=()
tup4=(50,)
tup5=('a', 'b', 'c', 'd', 'e', 'f')
tup6=('Jordon', 1, 'Kobe', 2, 'James', 3)
tup7=(1, 2, 'Jordon', 3, 'Kobe', 'James')
tup8=(1, 2, 3, 4)
元组截取演示......
tup1[0]:Jordon
tup1[1:5]:(1, 'Kobe', 2, 'James')
元组连接......
tup1=('Noah', 'Jordon', 'James', 'Kobe')
tup2=('Curry', 'James', 'Dulant', 'Jordon')
tup1+tup2=('Noah', 'Jordon', 'James', 'Kobe', 'Curry', 'James', 'Dulant',
          'Jordon')
```

```
元组复制......
tup1=('Curry', 'James')
tup1*3=('Curry', 'James', 'Curry', 'James', 'Curry', 'James')
判断某元素是否属于元组......
Curry属于tup1否？ False
James属于tup1否？ True
元组tup1=('Noah', 'Jordon', 'James', 'Kobe')
元组tup1的长度=4
元组tup1=('Noah', 'Jordon', 'James', 'Kobe')
元组tup1的最大值=Noah
元组tup1=('Noah', 'Jordon', 'James', 'Kobe')
元组tup1的最小值=James
```

4.3 列表

4.3.1 列表概述

列表(list)是由若干个元素构成的有序序列，用中括号[]标识。列表与元组类似，都能包含不同类型的元素，然而它们之间有一个重要的区别：列表的元素可以修改，而元组的元素则不可以修改。因此，可以简单地理解为元组是"只读列表"。

1. 列表创建

列表可以通过多种方式创建，例如通过赋值、调用list( )函数，或由字符串、元素、集合、字典等生成(列表可以为空)。例如：

```
list1=[1, 2, 3, 4, 5]       # 赋值生成列表
list2=[]                    # 创建空列表
list3=list('abcdef')        # 由字符串创建列表['a','b','c','d','e','f']
tup1=("Jordon",1,"Kobe",2,"James",3)
list4=list(tup1)            # 由元组创建列表["Jordon",1,"Kobe",2,"James",3]
set1={"Jordon",1,"Kobe",2,"James",3}
list5=list(set1)            # 由集合创建列表["Jordon",1,"Kobe",2,"James",3]
dict1={1: '费德勒', 2: '纳达尔', 3: '德约科维奇',4: '桑普拉斯'}
list6=list(dict1)           # 由字典创建列表[1,2,3,4]
```

2. 列表截取

与字符串、列表等数据类型类似，列表可以通过索引进行切片处理，从而截取部分元素生成新列表。

从左向右，索引下标依次为：0,1,2,…。

从右向左，索引下标依次为：-1,-2,-3,…。

例如：

```
list1=["Jordon",1,"Kobe",2,"James",3]
print("list1[0]:",list1[0])        # 结果为: Jordon
print("list1[2:4]:",list1[2:4])    # 结果为: ["Kobe",2]
```

3. 列表运算

1) 列表连接(+运算符)

使用+运算符可以将两个列表连接成一个新的列表。例如：

```
list1=["Noah","Jordon","James","Kobe"]
```

```
list2=["Curry","James","Dulant","Jordon"]
list3=list1+list2
```

list3输出结果为：

```
['Noah','Jordon','James','Kobe','Curry','James','Dulant','Jordon']
```

2) 元素复制(*运算符)

使用*运算符可以将列表中的元素复制多次，生成一个新的列表。例如：

```
list1=["Curry","James"]
list2=list1*3
```

list2输出结果为：

```
["Curry","James","Curry","James","Curry","James"]
```

3) 元素追加(append( )方法)

使用append( )方法可以向列表的末尾追加一个元素。例如：

```
list1=["Noah","Jordon","James","Kobe"]
list1.append("Curry")
```

修改后list1输出结果为：

```
["Noah","Jordon"," LeBron James ","Kobe","Curry"]
```

4) 元素删除

使用del语句可以删除列表中的指定元素。例如：

```
list1=["Noah","Jordon","LeBron James","Kobe","Curry"]
del list1[-1]   # 删除最后一个元素
```

修改后list1输出结果为：

```
["Noah","Jordon","James","Kobe"]
```

5) 元素修改

通过索引可以直接修改列表中的元素。例如：

```
list1=["Noah","Jordon","James","Kobe"]
list1[2]='LeBron James'
```

修改后list1输出结果为：

```
["Noah","Jordon"," LeBron James ","Kobe"]
```

6) 判断某元素是否属于列表

使用in关键字可以判断某个元素是否在列表中。例如：

```
list1=["Noah","Jordon","James","Kobe"]
print("Curry属于list1否? ",'Curry' in list1)   # False
print("James属于list1否? ",'James' in list1)   # True
```

7) 列表相关函数

可以使用leg( )函数计算列表中元素的数量；使用max( )函数返回列表中元素的最大值；使用min( )函数返回列表中元素的最小值。例如：

```
list1=["Noah","Jordon","James","Kobe"]
print("列表list1的长度=",len(list1))    # 4
list1=["Noah","Jordon","James","Kobe"]
print("列表list1的最大值=",max(list1))   # Noah
list1=["Noah","Jordon","James","Kobe"]
print("列表list1的最小值=",min(list1))   # James
```

4.3.2 列表常用函数和方法

列表常用函数和方法详见表4-7和表4-8。

表4-7 列表常用函数

序号	函数	功能描述
1	len(list)	返回列表元素的个数
2	max(list)	返回列表元素的最大值
3	min(list)	返回列表元素的最小值
4	list(seq)	将序列转换为列表

表4-8 列表常用方法

序号	方法	功能描述
1	list.append(obj)	在列表末尾添加新的对象
2	list.count(obj)	统计某个元素在列表中出现的次数
3	list.extend(seq)	在列表末尾一次性追加另一个序列中的多个值(用新列表扩展原来的列表)
4	list.index(obj)	从列表中找出某个值第一个匹配项的索引位置
5	list.insert(index,obj)	将对象插入列表
6	list.pop([index=-1])	移除列表中的一个元素(默认最后一个元素),并返回该元素的值
7	list.remove(obj)	移除列表中某个值的第一个匹配项
8	list.reverse( )	反转列表中的元素
9	list.sort(key=None ,reverse=False)	对原列表进行排序
10	list.clear( )	清空列表
11	list.copy( )	复制列表

4.3.3 列表应用举例

【实例4-7】

```
# 程序名称：ppb4301.py
# 功能：列表应用：基本操作

def createList():
    # 1.列表创建
    print("列表创建......")
    list1=[1, 2, 3, 4, 5]              # 赋值生成列表
    print("list1=", list1)
    list2=[]                           # 创建空列表
    list3=list('abcdef')               # 调用list()由字符串创建列表
    print("list3=", list3)
    tup1=("Jordon",1,"Kobe",2,"James",3)
    list4=list(tup1)                   # 调用list()由元组列表创建列表
    print("list4=", list4)
    set1={"Jordon",1,"Kobe",2,"James",3}
    list5=list(set1)                   # 调用list()由集合创建列表
    print("list5=", list5)
    dict1={1: '费德勒', 2: '纳达尔', 3: '德约科维奇',4: '桑普拉斯'}
```

```
    list6=list(dict1)              # 由字典创建列表
    print("list6=", list6)

def sliceList():
    # 2.列表截取
    print("列表截取演示......")
    list1=["Jordon",1,"Kobe",2,"James",3]
    print("list1[0]: ", list1[0])
    print("list1[1:5]: ", list1[1:5])

def addList():
    # 3.列表运算符
    # 列表连接+
    print("列表连接......")
    list1=["Noah","Jordon","James","Kobe"]
    list2=["Curry","James","Dulant","Jordon"]
    list3=list1+list2
    print("list1=",list1)
    print("list2=",list2)
    print("list1+list2=",list3)

def repeatList():
    # 元素复制
    print("列表复制......")
    list1=["Curry","James"]
    list2=list1*3
    print("list1=",list1)
    print("list1*3=",list2)

def updateList():
    # 元素修改
    print("列表修改......")
    list1=["Noah","Jordon","James","Kobe"]
    list1[2]='LeBron James'
    print("list1=",list1)

def inList():
    # 判断某元素是否属于列表
    print("判断某元素是否属于列表......")
    list1=["Noah","Jordon","James","Kobe"]
    print("Curry属于list1否? ",'Curry' in list1)
    print("James属于list1否? ",'James' in list1)

def mathList():
    # 1、len(list1e)：计算列表元素个数
    list1=["Noah","Jordon","James","Kobe"]
    print("列表list1=",list1)
    print("列表list1的长度=",len(list1))
    # 2、max(list1e)：返回列表中元素最大值
    list1=["Noah","Jordon","James","Kobe"]
    print("列表list1=",list1)
    print("列表list1的最大值=",max(list1))
    # 3、min(list1e)：返回列表中元素最小值
    list1=["Noah","Jordon","James","Kobe"]
    print("列表list1=",list1)
    print("列表list1的最小值=",min(list1))

def main():
    createList()
    sliceList()
    addList()
    repeatList()
```

```
        updateList()
        inList()
        mathList()

    main()
```

输出结果为：

```
列表创建......
list1=[1, 2, 3, 4, 5]
list3=['a', 'b', 'c', 'd', 'e', 'f']
list4=['Jordon', 1, 'Kobe', 2, 'James', 3]
list5=[1, 2, 'James', 'Jordon', 3, 'Kobe']
list6=[1, 2, 3, 4]
列表截取演示......
list1[0]:  Jordon
list1[1:5]:  [1, 'Kobe', 2, 'James']
列表连接......
list1=['Noah', 'Jordon', 'James', 'Kobe']
list2=['Curry', 'James', 'Dulant', 'Jordon']
list1+list2=['Noah', 'Jordon', 'James', 'Kobe', 'Curry', 'James', 'Dulant',
            'Jordon']
列表复制......
list1=['Curry', 'James']
list1*3=['Curry', 'James', 'Curry', 'James', 'Curry', 'James']
列表修改......
list1=['Noah', 'Jordon', 'LeBron James', 'Kobe']
判断某元素是否属于列表......
Curry属于list1否？ False
James属于list1否？ True
列表list1=['Noah','Jordon','James','Kobe']
列表list1的长度=4
列表list1=['Noah','Jordon','James','Kobe']
列表list1的最大值=Noah
列表list1=['Noah','Jordon','James','Kobe']
列表list1的最小值=James
```

【实例4-8】

下面对2022年我国31个省市(港澳台未统计在内)的GDP情况进行详细分析，具体数据详见表4-9。分析任务如下：(1)统计GDP超10万亿的省市、GDP在5万亿至10万亿之间的省市、GDP在2万亿至5万亿之间的省市、GDP在1万亿至2万亿之间的省市、GDP在0.5万亿至1亿之间的省市以及GDP在0.5万亿以下的城市。(2)统计同比增长率超4%的城市、同比增长率在3%至4%之间的城市、同比增长率在2%至3%之间的城市、同比增长率在1%至2%之间的城市、同比增长率在0%至1%之间的城市以及同比增长率小于0%的城市。

表4-9　2022年31个省市GDP

省市名称	GDP(亿)	同比增长率
广东	129 118.6	1.9%
江苏	122 875.6	2.8%
山东	87 435.0	3.9%
浙江	77 715.0	3.1%
河南	61 345.1	3.1%
四川	56 749.8	2.9%
湖北	53 734.9	4.3%

(续表)

省市名称	GDP(亿)	同比增长率
福建	53 109.9	4.7%
湖南	48 670.4	4.5%
安徽	45 045.0	3.5%
上海	44 652.8	−0.2%
河北	42 370.4	3.8%
北京	41 610.9	0.7%
陕西	32 772.7	4.3%
江西	32 074.7	4.7%
重庆	29 129.0	2.6%
辽宁	28 975.1	2.1%
云南	28 954.2	4.3%
广西	23 159.0	4.2%
山西	25 642.6	4.4%
内蒙古	23 159.0	4.2%
贵州	20 164.6	1.2%
新疆	17 741.3	3.2%
天津	16 311.3	1.0%
黑龙江	15 901.0	2.7%
吉林	13 070.2	−1.9%
甘肃	11 201.6	4.5%
海南	6 818.2	0.2%
宁夏	5 069.6	4.0%
青海	3 610.1	2.3%
西藏	2 132.6	1.1%

程序代码如下：

```
# 程序名称:ppb4302A.py
# 功能:GDP分析

# 例如: levals=[a,b,c]
# 统计<a,[a,b),[b,c),>=c几种情况下的数量，占比，成员
# data0为数据序列，names为名称序列，levels为区间分割序列，str0为统计类型说明
def stat1(data0,names,levels,str0):
    n1=len(levels)+1
    nlist,slist=[0]*n1,[""]*n1
    nn=len(data0)
    for i in range(nn):
        if data0[i]>=levels[-1]:k=n1-1
        elif  data0[i]<levels[0]:k=0
        else:
            for j in range(1,n1-1):
                if levels[j]<=data0[i]<levels[j+1]:
                    k=j
                    break
        nlist[k]=nlist[k]+1
```

```
                    slist[k]=slist[k]+names[i]+"   "
        print(str0+"小于",levels[0],"的数量为",nlist[0],end=",")
        print("占比为",round(nlist[0]/nn,4),end=",")
        print("成员为",slist[0])
        for j in range(n1-2):
            print(str0+"在[",levels[j],",",levels[j+1],")的数量为",nlist[j+1],end=",")
            print("占比为",round(nlist[j+1]/nn,4),end=",")
            print("成员为",slist[j+1])
        print(str0+"大于",levels[-1],"的数量为",nlist[-1],end=",")
        print("占比为",round(nlist[-1]/nn,4),end=",")
        print("成员为",slist[-1])

def main():
    # 获取原始数据，这里数据保存在列表中，列表元素为元组，一个元组对应一个省市数据
    data0=[("广东",129118.6,0.019),
    ("江苏",122875.6,0.028),
    ("山东",87435,0.039),
    ("浙江",77715,0.031),
    ("河南",61345.1,0.031),
    ("四川",56749.8,0.029),
    ("湖北",53734.9,0.043),
    ("福建",53109.9,0.047),
    ("湖南",48670.4,0.045),
    ("安徽",45045,0.035),
    ("上海",44652.8,-0.002),
    ("河北",42370.4,0.038),
    ("北京",41610.9,0.007),
    ("陕西",32772.7,0.043),
    ("江西",32074.7,0.047),
    ("重庆",29129,0.026),
    ("辽宁",28975.1,0.021),
    ("云南",28954.2,0.043),
    ("广西",23159,0.042),
    ("山西",25642.6,0.044),
    ("内蒙古",23159,0.042),
    ("贵州",20164.6,0.012),
    ("新疆",17741.3,0.032),
    ("天津",16311.3,0.01),
    ("黑龙江",15901,0.027),
    ("吉林",13070.2,-0.019),
    ("甘肃",11201.6,0.045),
    ("海南",6818.2,0.002),
    ("宁夏",5069.6,0.04),
    ("青海",3610.1,0.023),
    ("西藏",2132.6,0.011)]

    GDP_levels=[0,5000,10000,20000,50000,100000]     # 定义GDP统计区间
    rate_levels=[0,0.01,0.02,0.03,0.04]              # 定义同比增长率rate统计区间
    len0=len(data0)
    names=[data0[i][0] for i in range(len0)]
    GDP=[data0[i][1] for i in range(len0)]
    print("输出GDP统计结果......")
    stat1(GDP,names,GDP_levels,"省市GDP")
    rate=[data0[i][2] for i in range(len0)]
    print("输出同比增长率统计结果......")
    stat1(rate,names,rate_levels,"省市同比增长率")

main()
```

【实例4-9】

综合应用字符串、列表和元组。

输入班级同学的学号、姓名和电话后，按表4-10所示的格式输出。

表4-10 通讯录

学号	姓名	电话
196010111	王悦	15801389***
196010112	丁一	13801389***
196010113	秦梦	13501389***

程序代码如下：

```python
# 程序名称：ppb4303.py
# 功能：字符串、列表、元组综合应用
# coding=utf-8
# 判断ch是不是汉字
def isChinese(ch):
    if ch >='\u4e00' and ch <='\u9fa5':
        return True
    else:
        return False

# 判断统计s中字符的个数，一个汉字算2个字符
def lenStr(s):
    count=0
    for line in s:
        if isChinese(line):
            count=count+2
        else:
            count=count+1
    return count
# 判断统计s中汉字的个数
def countChinese(s):
    count=0
    for line in s:
        if isChinese(line):
            count=count+1
    return count

def output1():
    n=int(input("n="))
    list1=[]
    i=1
    while(i<=n):
        stdno=input("学号=")
        stdname=input("姓名=")
        telephone=input("电话=")
        list1.append((stdno,stdname,telephone))
        i=i+1
    tup1=tuple(list1)
    wid1=10
    wid2=12
    wid3=16

    tableH="┌"+"—"*wid1+"┬"+"—"*wid2+"┬"+"—"*wid3+"┐"
    tableM="├"+"—"*wid1+"┼"+"—"*wid2+"┼"+"—"*wid3+"┤"
    tableB="└"+"—"*wid1+"┴"+"—"*wid2+"┴"+"—"*wid3+"┘"
    print(tableH)
    sf0="│%"+str(wid1-2)+"s│%"+str(wid2-2)+"s│%"+str(wid3-2)+"s│"
    print(sf0%(" 学号","姓名","电话"))
    # print("│ 学号 │ 姓名 │ 电话 │")
```

```
    for i in range(1,n+1):
        print(tableM)
        n1=countChinese(tup1[i-1][0])
        n2=countChinese(tup1[i-1][1])
        n3=countChinese(tup1[i-1][2])
        sf="│%"+str(wid1-n1)+"s│%"+str(wid2-n2)+"s│%"+str(wid3-n3)+"s│"
        print(sf%tup1[i-1])

    print(tableB)

def main():
    output1()

main()
```

4.4　集合

4.4.1　集合概述

集合(set)是一个无序且不包含重复元素的序列。可以使用大括号{}或者set( )函数来创建集合。需要注意的是，创建一个空集合必须使用set( )函数而不能使用{}，因为{}用于创建一个空字典。集合的基本功能包括成员关系测试和删除重复元素。由于集合中的元素没有顺序关系，因此使用索引访问元素会导致错误。

1. 集合创建

集合可以通过赋值的方式创建，也可以通过调用set( )函数从列表、元组、字符串等数据类型中创建。集合可以为空，但空集合不能通过set1={}的形式创建，只能通过set1=set( )来创建(set1={}形式创建的是空字典)。

创建集合示例：

```
# 创建集合
set1={1,2,5,6,7}      # 赋值生成一个集合
set2=set()            # set()方法创建空集合
set3=set('abcdef')    # 调用set()方法由字符串创建集合{'a', 'b', 'c', 'd', 'e', 'f'}
list1=["Noah","Jordon","James","Kobe"]
set4=set(list1)       # 调用set()方法由列表创建集合{"Noah","Jordon","James","Kobe"}
tup1=("Noah","Jordon","James","Kobe")
set5=set(tup1)        # 调用set()方法由元组创建集合{"Noah","Jordon","James","Kobe"}
dict1={1: '费德勒', 2: '纳达尔', 3: '德约科维奇',4: '桑普拉斯'}
set6=set(dict1)       # 由字典创建集合{1,2,3,4}
```

2. 集合添加和删除

使用s.add( )方法可以向集合s中添加元素。使用s.pop()方法可以随机删除一个元素，而s.remove( )和s.discard( )方法则用于删除指定的元素，s.remove( )方法在尝试删除一个不存在的元素时会引发KeyError错误，而s.discard( )方法在删除不存在的元素时则不会报错。

```
# 向集合中添加一个元素s.add()
set1=set()            # set()方法创建空集合
set1.add(4)
set1.add(5)
set1.add(6)
```

```
print("set1=",set1)
# 删除元素
# 随机删除s.pop()
set1={"Jordon",1,"Kobe",2,"James",3}
set2=set1.pop()             # 随机删除

# 指定删除1 删除不存在的元素会报错s.remove()
set1={"Jordon",1,"Kobe",2,"James",3}
set1.remove(1)
# set1.remove("1")          # KeyError:'da'删除不存在的元素会报错

# 指定删除2 删除不存在的元素不会报错s.discard()
set1={"Jordon",1,"Kobe",2,"James",3}
set1.discard("Kobe")
set1.discard("da")          # 删除不存在的元素不会报错
```

3. Python set( )集合操作符号和数学符号

Python中集合操作符号和数学符号详见表4-11。

表4-11　集合操作符号和数学符号

数学符号	Python符号	含义
-或\	-	差集，相对补集
∩	&	交集
∪	|	合集、并集
≠	!=	不等于
=	==	等于
∈	in	是成员关系
∉	not in	不是成员关系
	^	对称差集

1) 集合的交集

符号方法：

```
set1={"Noah","Jordon","James","Kobe"}
set2={"Curry","James","Dulant","Jordon"}
set12s=set1&set2                # 符号方法求交集
```

函数方法：

```
set12m=set1.intersection(set2)  # 函数方法求交集
```

set12s和set12m输出结果为：

```
{"James","Jordon"}
```

2) 集合的并集

符号方法：

```
set1={"Noah","Jordon","James","Kobe"}
set2={"Curry","James","Dulant","Jordon"}
set12s=set1|set2                # 符号方法求并集
```

函数方法：

```
set12m=set1.union(set2)         # 函数方法求并集
```

set12s、set12m输出结果为：

```
{"Noah","Jordon","James","Kobe","Curry","Dulant"}
```

3) 集合的差集

符号方法：

```
set1={"Noah","Jordon","James","Kobe"}
set2={"Curry","James","Dulant","Jordon"}
set12s=set1-set2                    # 符号方法求差集
```

函数方法：

```
set12m=set1.difference(set2)      # 函数方法求差集
```

set12s、set12m输出结果为：

```
{'Noah', 'Kobe'}
```

4) 集合的对称差集

对称差集操作将并集中的交集部分去掉：

```
set1={"Noah","Jordon","James","Kobe"}
set2={"Curry","James","Dulant","Jordon"}
set12=set1.symmetric_difference(set2)
```

set12输出结果为：

```
{"Noah","Kobe"}
```

5) 集合包含关系

示例代码：

```
set1={"Noah","Jordon","James","Kobe"}
set2={"Curry","James","Dulant","Jordon"}
set3={"James","Jordon"}
```

检查包含关系：

```
print("set1包含set2否? ",set2.issubset(set1))  # False
print("set1包含set3否? ",set3.issubset(set1))  # True
```

4.4.2　集合常用函数和方法

集合常用函数和方法详见表4-12。

表4-12　集合常用函数和方法

方法	描述
add( )	向集合添加元素
clear( )	移除集合中的所有元素
copy( )	返回集合的一个浅复制
difference( )	返回多个集合的差集
difference_update( )	移除集合中的元素，该元素在指定的集合也存在
discard( )	删除集合中指定的元素
intersection( )	返回集合的交集
intersection_update( )	删除集合中的元素，该元素在指定的集合中不存在
isdisjoint( )	判断两个集合是否包含相同的元素，如果没有返回 True，否则返回 False
issubset( )	判断指定集合是否为该方法参数集合的子集
issuperset( )	判断该方法的参数集合是否为指定集合的子集

（续表）

方法	描述
pop( )	随机移除元素
remove( )	移除指定元素
symmetric_difference( )	返回两个集合中不重复的元素集合
symmetric_difference_update( )	移除当前集合中指定集合中存在的元素，并将指定集合中不同的元素插入到当前集合中
union( )	返回两个集合的并集
update( )	向集合添加元素

4.4.3 集合应用举例

【实例4-10】

```python
# 程序名称: ppb4401.py
# 功能: 集合

# 1.集合创建
def createSet():
    print("集合创建......")
    set1={1,2,5,6,7}       # 复制生成一个集合
    set2=set()             # set()方法创建空集合
    set3=set('abcdef')     # 调用set()方法由字符串创建集合
    list1=["Noah","Jordon","James","Kobe"]
    set4=set(list1)        # 调用set()方法由列表创建集合
    tup1=("Noah","Jordon","James","Kobe")
    set5=set(tup1)         # 调用set()方法由元组创建集合
    dict1={1: '费德勒', 2: '纳达尔', 3: '德约科维奇',4: '桑普拉斯'}
    set6=set(dict1)        # 调用list()由字典创建列表
    print("set1=",set1)
    print("set2=",set2)
    print("set3=",set3)
    print("set4=",set4)
    print("set5=",set5)
    print("set6=",set6)

# 2.向集合中添加一个元素 s.add()
def addSet():
    set1=set()             # set()方法创建空集合
    set1.add(4)
    set1.add(5)
    set1.add(6)
    print("set1=",set1)

# 3.删除元素
def deleteSet():
    # 随机删除s.pop()
    set1={"Jordon",1,"Kobe",2,"James",3}
    print("删除运算s.pop()......")
    print("删除前set1=",set1)
    set2=set1.pop()        # 随机删除
    print("删除后set1=",set1)
    print("删除后set2=",set2)

    # 指定删除1 删除不存在的元素会报错s.remove()
    set1={"Jordon",1,"Kobe",2,"James",3}
```

```
        print("删除运算s.remove()......")
        print("删除前set1=",set1)
        set1.remove(1)
        # set1.remove("1")    # KeyError:'da'删除不存在的元素会报错
        print("删除后set1=",set1)

        # 指定删除2 删除不存在的元素不会报错s.discard()
        set1={"Jordon",1,"Kobe",2,"James",3}
        print("删除运算s.discard()......")
        print("删除前set1=",set1)
        set1.discard("Kobe")
        set1.discard("da")                          # 删除不存在的元素不会报错
        print("删除后set1=",set1)

def operateSet():
        # 3.集合的交集& ,s.intersection()
        set1={"Noah","Jordon","James","Kobe"}
        set2={"Curry","James","Dulant","Jordon"}
        set12s=set1&set2                    # 符号方法求交集
        set12m=set1.intersection(set2)      # 函数方法求交集
        print("交集运算......")
        print("set1=",set1)
        print("set2=",set2)
        print("符号运算：set1 ∩ set2=",set12s)
        print("函数运算：set1 ∩ set2=",set12m)

        # 4.集合的并集 | ,s. union()
        set1={"Noah","Jordon","James","Kobe"}
        set2={"Curry","James","Dulant","Jordon"}
        set12s=set1|set2                    # 符号方法求并集
        set12m=set1.union(set2)             # 函数方法求并集
        print("并集运算......")
        print("set1=",set1)
        print("set2=",set2)
        print("符号运算：set1 ∪ set2=",set12s)
        print("函数运算：set1 ∪ set2=",set12m)

        # 5.集合的差集   s1.difference(s2) 将集合s1里去掉和s2交集的部分
        set1={"Noah","Jordon","James","Kobe"}
        set2={"Curry","James","Dulant","Jordon"}
        set12s=set1-set2                    # 符号方法求交集
        set12m=set1.difference(set2)        # 函数方法求交集
        print("差集运算......")
        print("set1=",set1)
        print("set2=",set2)
        print("符号运算：set1 - set2=",set12s)
        print("函数运算：set1 - set2=",set12m)

        # 6.集合的交叉补集s.symmetric_difference()并集里去掉交集的部分
        set1={"Noah","Jordon","James","Kobe"}
        set2={"Curry","James","Dulant","Jordon"}
        set12=set1.symmetric_difference(set2)
        print("交叉补集运算......")
        print("set1=",set1)
        print("set2=",set2)
        print("set1和set2交叉补集：=",set12s)

def issubsetTest():
        # 7.集合包含关系
        set1={"Noah","Jordon","James","Kobe"}
        set2={"Curry","James","Dulant","Jordon"}
        set3={"James","Jordon"}
```

```
        print("集合包含关系......")
        print("set1=",set1)
        print("set2=",set2)
        print("set1包含set2否? ",set2.issubset(set1))

        print("set1=",set1)
        print("set3=",set3)
        print("set1包含set3否? ",set3.issubset(set1))

def main():
        createSet()
        addSet()
        deleteSet()
        operateSet()
        issubsetTest()

main()
```

输出结果为：

```
集合创建......
set1={1, 2, 5, 6, 7}
set2=set()
set3={'a', 'e', 'c', 'd', 'f','b'}
set4={'Kobe', 'James', 'Jordon', 'Noah'}
set5={'Kobe', 'James', 'Jordon', 'Noah'}
set1={4, 5, 6}
删除运算s.pop()......
删除前set1={1, 2, 3, 'James', 'Jordon', 'Kobe'}
删除后set1={2, 3, 'James', 'Jordon', 'Kobe'}
删除后set2=1
删除运算s.remove()......
删除前set1={1, 2, 3, 'James', 'Jordon', 'Kobe'}
删除后set1={2, 3, 'James', 'Jordon', 'Kobe'}
删除运算s.discard()......
删除前set1={1, 2, 3, 'James', 'Jordon', 'Kobe'}
删除后set1={1, 2, 3, 'James', 'Jordon'}
交集运算......
set1={'Noah', 'James', 'Kobe', 'Jordon'}
set2={'Dulant', 'James', 'Curry', 'Jordon'}
符号运算：set1 ∩ set2={'James', 'Jordon'}
函数运算：set1 ∩ set2={'James', 'Jordon'}
并集运算......
set1={'Noah', 'James', 'Kobe', 'Jordon'}
set2={'Dulant', 'James', 'Curry', 'Jordon'}
符号运算：set1 ∪ set2={'Dulant', 'James', 'Jordon', 'Noah', 'Kobe', 'Curry'}
函数运算：set1 ∪ set2={'Dulant', 'James', 'Jordon', 'Noah', 'Kobe', 'Curry'}
差集运算......
set1={'Noah', 'James', 'Kobe', 'Jordon'}
set2={'Dulant', 'James', 'Curry', 'Jordon'}
符号运算：set1 - set2={'Noah', 'Kobe'}
函数运算：set1 - set2={'Noah', 'Kobe'}
交叉补集运算......
set1={'Noah', 'James', 'Kobe', 'Jordon'}
set2={'Dulant', 'James', 'Curry', 'Jordon'}
set1和set2交叉补集：={'Noah', 'Kobe'}
集合包含关系......
set1={'Noah', 'James', 'Kobe', 'Jordon'}
set2={'Dulant', 'James', 'Curry', 'Jordon'}
set1包含set2否? False
set1={'Noah', 'James', 'Kobe', 'Jordon'}
set3={'James', 'Jordon'}
set1包含set3否? True
```

【实例4-11】

综合应用字符串、元组、列表和集合。

本例统计一段文章中各个字符出现的频数，并将结果以表4-13所示的格式输出。

表4-13　字符频数表

字符	频数
A	1
中	1

```python
# 程序名称：ppb4402.py
# 功能：字符串、元组、列表和集合的综合应用

# 判断ch是不是汉字
def isChinese(ch):
    if ch>='\u4e00' and ch<='\u9fa5':
        return True
    else:
        return False

# 判断统计s中字符个数，一个汉字算2个字符
def lenStr(s):
    count=0
    for line in s:
        if isChinese(line):
            count=count+2
        else:
            count=count+1
    return count

# 判断统计s中汉字的个数
def countChinese(s):
    count=0
    for line in s:
        if isChinese(line):
            count=count+1
    return count

# 以表格显示输出list1中内容
def outputTable1(list1,title,w,sf):
    lenw=len(w)
    tabHead=createTab(w,('┌','─','┬','┐'))     # 表头
    tabMid=createTab(w, ('├','─','┼','┤'))      # 表中
    tabTail=createTab(w,('└','─','┴','┘'))     # 表尾
    print(tabHead)                             # 输出表头
    outputRecord(w,title,("s",)*lenw)          # 输出标题
    for i in range(0,len(list1)):
        print(tabMid)                          # 输出表中
        outputRecord(w,list1[i],sf)            # 输出记录
    print(tabTail)                             # 输出表尾

# 生成表头或表中或表尾
def createTab(w,s):
    tab1=s[0]
    for i in range(0,len(w)-1):
        tab1=tab1+s[1]*w[i]+s[2]
    tab1=tab1+s[1]*w[len(w)-1]+s[3]
    return tab1

# 输出记录或标题
```

```
def outputRecord(w,title,sf):
    sf1=" | "
    for i in range(0,len(w)):
        n=0
        if type(title[i]) is str:
            n=countChinese(title[i])
        sf1=sf1+"%"+str(w[i]-n)+sf[i]+" | "
    print(sf1%(title))

def main():
    w=(10,10)                                    # 定义每列宽度
    title=("字符","频数")                          # 定义标题
    sf=("s","d")                                  # 定义输出内容类型
    s0="jaAKDAAK中Safajfka中爱迪生j"*100000
    chars=sorted(list(set(s0)))
    list1=[]
    for ch in chars:
        list1.append((ch,s0.count(ch)))
    outputTable1(list1,title,w,sf)

main()
```

4.5　字典

4.5.1　字典概述

字典(dictionary)是一个无序的键(key)与值(value)的集合，由大括号{}标识。字典元素通过键来访问，而不是通过索引。键必须是不可变类型，可以是字符串、数字或元组等。一个字典中可以包含不同类型的键，但每个键必须是唯一的。值的类型可以是任何数据类型，并且在一个字典中，值的类型可以不同。例如：

```
d={key1:value1,key2:value2}
```

1. 创建字典

可以通过赋值的方式创建一个字典。例如：

```
dict1={'1':'Jordon','2':'Kobe','3':'James'}
dict2={1:'费德勒',2:'纳达尔',3:'德约科维奇',4:'桑普拉斯'}
```

另外，也可以先创建一个空字典，然后逐一添加元素。例如：

```
dict3={}
dict3["1"]="猕猴桃"
dict3["2"]="甘蔗"
dict3["3"]="菠萝"
dict3["4"]="山竹"
```

2. 访问字典中的值

访问字典中值的格式为：字典对象[key]。例如：

```
dict1={'1': 'Jordon', '2': 'Kobe', '3': 'James'}
print ("dict1['1']: ", dict1['1'])
```

如果尝试使用字典中不存在的键来访问数据，程序将会报错。例如，如果键'4'不在字典dict1中，执行以下操作会出错：

```
print ("dict1['4']: ", dict1['4'])
```

运行时会输出以下错误信息：

```
Traceback (most recent call last):
  File "ppb4501.py", line 5, in <module>
    print ("dict1['4']: ", dict1['4'])
KeyError: '4'
```

3. 修改字典

向字典中添加新内容的方法包括增加新的键/值对，以及修改或删除已有的键/值对。例如：

```
dict1={'1':'Jordon','2':'Kobe','3':'James'}
dict1['3']='LeBron James'      # 更新'3 '
dict1['4']="Dulant"            # 添加信息
dict1['5']="Curry"             # 添加信息
```

4. 删除字典

使用del命令可以删除字典中的单个元素，也可以清空字典。例如：

```
dict1={'1': 'Jordon', '2': 'Kobe', '3': 'James'}
del dict1['2']                 # 删除键 '2'
dict1.clear()                  # 清空字典
del dict1                      # 删除字典
```

删除字典后，字典将不再存在，如果再进行操作，将引发异常。例如，删除dict1后，如果执行以下操作：

```
print('dict1=',dict1)
```

运行时会引发以下异常：

```
NameError: name 'dict1' is not defined
```

说明：

(1) 列表和元组都是序列类型的数据结构，序列是指其中的对象按照从0开始的顺序进行编号，因此具有明确的前后顺序关系。

(2) 字典是一种"映射"(mapping)数据结构，表示无序的键与值之间的关系。与序列截然不同，字典没有从左到右的顺序关系，因此不使用位置偏移量作为索引。字典以"键：值"对 ("key: value" Pair)的形式存储数据，可以视为键 (key)与值(value)的对照表，通过键便可以查找对应的值。

(3) 集合也是一种容器类型，但其既不是序列也不是映射。集合用于记录某些无序的不可变对象是否存在于其中，并且集合中的元素是唯一的，不允许重复。

4.5.2　字典常用函数和方法

字典常用函数和方法详见表4-14和表4-15。

表4-14　字典常用函数

序号	函数	功能
1	len(dict)	计算字典元素的个数，即键的总数
2	str(dict)	输出字典，以可打印的字符串表示
3	type(variable)	返回输入的变量类型，如果变量是字典，则返回字典类型

表4-15　字典常用方法

序号	方法	功能
1	radiansdict.clear( )	删除字典中的所有元素
2	radiansdict.copy( )	返回一个字典的浅复制
3	radiansdict.fromkeys( )	创建一个新字典，以序列seq中元素做字典的键，所有键对应的初始值为val
4	radiansdict.get(key, default=None)	返回指定键的值，如果该键不存在，则返回default值
5	key in dict	如果键在字典dict中，则返回true，否则返回false
6	radiansdict.items( )	以列表返回可遍历的(键,值) 元组数组
7	radiansdict.keys( )	返回一个迭代器，可以使用list( )转换为列表
8	radiansdict.setdefault(key, default=None)	和get( )类似但如果键不存在于字典中，将会添加键并将值设为default
9	radiansdict.update(dict2)	把字典dict2的键/值对更新到当前字典中
10	radiansdict.values( )	返回一个迭代器，可以使用 list( )转换为列表
11	pop(key[,default])	删除字典给定键key所对应的值，并返回被删除的值。key值必须给出。否则，返回default值
12	popitem( )	随机返回并删除字典中的一对键和值(一般删除最后一对)

4.5.3　字典应用举例

【实例4-12】

```python
# 程序名称：ppb4501.py
# 功能：字典应用之一

# 1.创建字典
def createDict():
    print('创建字典')
    dict1={'1': 'Jordon', '2': 'Kobe', '3': 'James'}
    dict2={1: '费德勒', 2: '纳达尔', 3: '德约科维奇',4:'桑普拉斯'}
    print("dict1=",dict1)
    print("dict2=",dict2)

# 2.访问字典里的值
def visitDict():
    print('访问字典里的值')
    dict1={'1': 'Jordon','2': 'Kobe','3': 'James'}
    print("dict1=",dict1)
    print("dict1['1']: ", dict1['1'])
    dict2={1: '费德勒', 2: '纳达尔', 3: '德约科维奇',4:'桑普拉斯'}
    print("dict2=",dict2)
    print ("dict2[1]: ", dict2[1])
    # 如果用字典里没有的键访问数据，会输出错误如下：
    # print("dict1['4']: ", dict1['4'])
    '''
以上实例输出结果：
Traceback (most recent call last):
  File «ppb4501.py», line 5, in <module>
    print («dict1[‹4›]: «, dict1[‹4›])
KeyError: ‹4›
‹ ››
```

```
#  3.修改字典
def updateDict():
    print('修改字典')
    # 向字典添加新内容的方法是增加新的键/值对，修改或删除已有键/值对示例如下：
    dict1={'1': 'Jordon', '2': 'Kobe', '3': 'James'}
    dict1['3']='LeBron James'    # 更新 3
    dict1['4']="Dulant"          # 添加信息
    dict1['5']="Curry"           # 添加信息
    print ("dict1= ",dict1)

#  4.删除字典元素
# 能删单一的元素也能清空字典，清空只需一项操作
# 显示删除一个字典用del命令，示例如下：
def deleteDict():
    print('删除字典')
    dict1={'1': 'Jordon', '2': 'Kobe', '3': 'James'}
    print("dict1=",dict1)
    del dict1['2']                # 删除键'Name'
    print("dict1= ", dict1)
    dict1.clear()                 # 清空字典
    print("dict1= ", dict1)
    del dict1                     # 删除字典
    '''
    但这会引发一个异常，因为执行del操作后字典不再存在：
    Traceback (most recent call last):
      File «test.py», line 9, in <module>
        print(«dict[‹Age›]: «, dict[‹Age›])
    TypeError: ‹type› object is not subscriptable
    ‹ ››
def main():
    createDict()
    visitDict()
    updateDict()
    deleteDict()

main()
```

输出结果为：

```
创建字典
dict1={'1': 'Jordon', '2': 'Kobe', '3': 'James'}
dict2={1:'费德勒',2:'纳达尔',3:'德约科维奇',4:'桑普拉斯'}
访问字典里的值
dict1={'1':'Jordon','2':'Kobe','3':'James'}
dict1['1']:Jordon
dict2={1:'费德勒',2:'纳达尔',3:'德约科维奇',4:'桑普拉斯'}
dict2[1]:   费德勒
修改字典
dict1=:{'1':'Jordon','2':'Kobe','3':'LeBron James','4':'Dulant','5':'Curry'}
删除字典
dict1={'1':'Jordon','2':'Kobe','3':'James'}
dict1=:{'1':'Jordon','3':'James'}
dict1=:{}
```

4.6　栈和队列

4.6.1　栈和队列概述

1. 栈概述

栈(stack)是一种操作受限的线性表，只允许在一端进行插入和删除操作。通常，这一端被称为栈顶(top)，而另一端则称为栈底(bottom)，如图4-4所示。

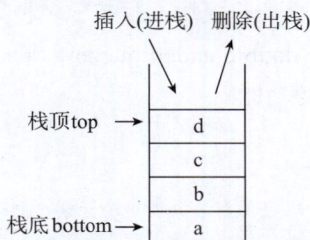

插入(进栈)　删除(出栈)

栈顶top →

| d |
| c |
| b |
| a |

栈底bottom →

图 4-4　栈的示意图

通常，将向栈中插入数据元素的操作称为入栈(push)，而从栈中删除数据元素的操作称为出栈(pop)。当栈中没有任何数据元素时，称其为空栈。

根据栈的定义，栈顶元素总是最后入栈，最先出栈；栈底元素总是最先入栈，最后出栈。因此，栈是按照后进先出(Last in First Out，LIFO)的原则组织数据的，属于一种"后进先出"的线性表。

在现实生活中，许多现象具有栈的特点。例如，在建筑工地上，工人从底部开始向上一层一层地堆放砖，而在使用时则是从最上层往下逐层拿取。

栈在计算机语言中有着非常广泛的用途。例如，子例程的调用和返回序列都服从栈协议，算术表达式的求值通常通过对栈的操作序列来实现。许多手持计算器也采用栈的方式进行计算。

2. 队列概述

队列(queue)是一种操作受限的线性表，它只允许在一端进行插入操作，而在另一端进行删除操作。在队列中，插入操作发生在称为队尾(rear)的端口，而删除操作则在称为队头(front)的端口进行，如图4-5所示。

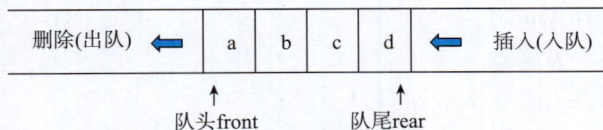

删除(出队) ←　| a | b | c | d |　← 插入(入队)

队头front　　　　队尾rear

图 4-5　队列

通常，向队列中插入数据元素的操作称为入队(enqueue)，而从队列中删除数据元素的操作称为出队(dequeue)。当队列中没有数据元素时，称为空队列。

根据队列的定义可知，队列头部元素总是最先入队、最先出队，而队列尾部的元素则总是最后入队、最后出队。因此，队列按照先进先出(First in First Out，FIFO)的原则组织数据，是一种"先进先出"的线性表。

在现实生活中，许多现象具有队列的特点。例如，在银行等待服务或在电影院门口等待买票的人群，以及在红灯前等待通行的一长串汽车，这些都是队列的例子。

队列在计算机语言中有着重要的应用。例如，在多用户分时操作系统中，等待访问磁盘驱动器的多个输入输出(I/O)请求可以形成一个队列。此外，等待在计算机中运行的作业也会形成一个队列，计算机将按照作业和I/O请求到达的先后顺序进行处理，遵循先进先出的原则进行服务。

4.6.2 deque常用函数

collections是Python内建的一个集合模块，封装了多种集合类。其中与队列相关的集合只有一个：deque。 deque是双边队列(double-ended queue)，同时具有队列和栈的性质，并在列表的基础上增加了移动、旋转和增删等功能。

常用方法：

```
d=collections.deque([])
d.append('a')              # 在最右边添加一个元素，此时d=deque('a')
d.appendleft('b')          # 在最左边添加一个元素，此时d=deque(['b', 'a'])
d.extend(['c','d'])        # 在最右边添加所有元素，此时d=deque(['b', 'a', 'c', 'd'])
d.extendleft(['e','f'])    # 在最左边添加所有元素，此时d=deque(['f', 'e', 'b', 'a',
                           #   'c', 'd'])
d.pop()          # 将最右边的元素取出，返回'd'，此时d=deque(['f', 'e', 'b', 'a', 'c'])
d.popleft()      # 将最左边的元素取出，返回'f'，此时d=deque(['e', 'b', 'a', 'c'])
d.rotate(-2)     # 向左旋转两个位置(正数则向右旋转)，此时d=deque(['a', 'c', 'e', 'b'])
d.count('a')     # 返回队列中'a'的个数
d.remove('c')    # 从队列中将'c'删除，此时d=deque(['a', 'e', 'b'])
d.reverse()      # 将队列倒序，此时d=deque(['b', 'e', 'a'])
```

4.6.3 栈和队列应用举例

【实例4-13】

本例编写一个程序，用于判断表达式中的括号是否正确匹配。

在一个算术表达式中，可以包含三种括号：圆括号"("和")"、方括号"["和"]"和花括号"{"和"}"。这些括号可以按任意顺序嵌套使用。

括号不匹配的情况通常有以下三种。

(1) 左右括号匹配顺序不正确。

(2) 右括号的数量多于左括号。

(3) 左括号的数量多于右括号。

分析：在算术表达式中，右括号和左括号的匹配顺序是后进的括号必须最先被匹配，这一特性恰好符合栈的"后进先出"原则，因此可以利用栈来判断表达式中括号是否匹配。

基本思路是：将算术表达式视为一个字符组成的字符串，依次扫描串中每个字符。当遇到左括号时让该括号进栈；每当扫描到右括号时，比较其与栈顶括号是否匹配。若匹配，则将栈顶括号(左括号)出栈并继续扫描。若栈顶括号(左括号)与当前扫描的括号(右括号)不匹配，则说明左右括号匹配顺序不正确，此时返回不匹配的信息。若栈为空，则表明右括号多于左括号，返回不匹配信息。字符串循环扫描结束时，若栈仍然非空，则说明左括号多于右括号，此时返回不匹配信息；否则，说明左右括号匹配正确，返回匹配的信息。

```python
# 程序名称：ppb4601.py
# 功能：栈的应用——表达式括号匹配

def isLeftBracket(ch):
    if ch in ('(','[','{'):return True
    else:          return False

def isRightBracket(ch):
    if ch in (')',']','}'):return True
    else:return False

def toLeftBracket(ch):
    dict1={')':'(',']':'[','}':'{'}
    return dict1[ch]

# 功能：检查表达式中括号是否匹配
# exprs为表达式对应的字符串
# 不匹配的情形有以下三种
# 情形1：左右括号配对次序不正确
# 情形2：右括号多于左括号
# 情形3：左括号多于右括号
def checkMatch(exprs):
    i=0
    import collections
    stk=collections.deque([])
    while (i<len(exprs)):
        ch=exprs[i:i+1]
        i=i+1
        if(isLeftBracket(ch)) : stk.append(ch)
        if(isRightBracket(ch)):
            ch1=toLeftBracket(ch)
            if (len(stk)==0):
                return False;                 # 情形2
            else:
                ch=stk.pop()
                if (ch! =ch1): return False;  # 情形1
    if (len(stk)==0): return True
    else: return False                        # 情形3

def main():
    # exprs='(a+b)*c'
    exprs='[(a+b])*c'
    print(checkMatch(exprs))

main()
```

【实例4-14】

打印二项展开式 $(a+b)^n$ 的系数。二项式 $(a+b)^n$ 展开后的系数构成了杨辉三角形，如图4-6所示。

```
          1              i=0
        1   1            i=1
      1   2   1          i=2
    1   3   3   1        i=3
  1   4   6   4   1      i=4
1   5   10  10  5   1    i=5
```

图 4-6　杨辉三角形

杨辉三角形每行元素具有以下特点。

(1) 每行两端元素为1，当i=0时，两端重叠。

(2) 第i行中非端点元素等于第i-1行对应的"肩头"元素之和。

基于上述特点，可以利用循环队列来打印杨辉三角形。基本思路是：在循环队列中依次存放第i-1行数据元素，然后逐个输出，同时生成第i行对应的数据元素并入队。图4-7显示了在输出杨辉三角形过程中队列的状态。

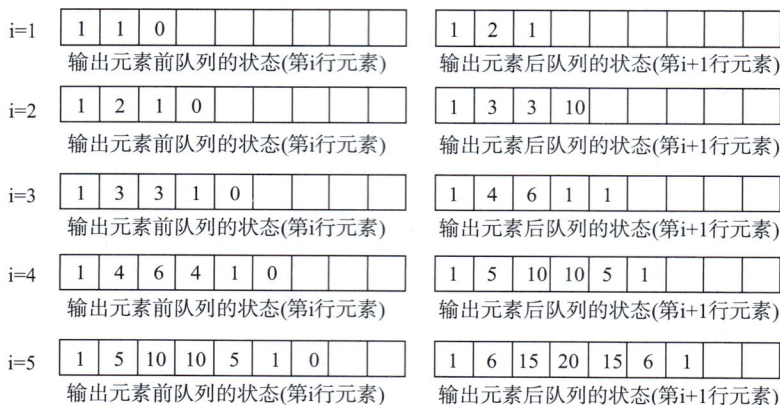

图4-7 队列状态

程序如下：

```python
# 程序名称：ppb4602.py
# 功能：利用队列打印二项式系数
def printBipoly(n):
    e1=0
    e2=0
    import collections
    que=collections.deque([])
    que.append(1)
    que.append(1)
    print(" ",end="")
    for k in range(2*n+1): print(" ",end="")
    # printf(str(1),3)
    print("{:3d}".format(1),end="")
    print("")
    for i in range(1,n+1):
        print(" ",end="")
        for k in range(2*n-i+1): print(" ",end="")
        que.append(1);
        for k in range(1,i+3):
            e1=que.popleft( )
            que.append(e1+e2)
            e2=e1
            if(k! =(i+2)) :print("{:3d}".format(e2),end="")
        print("")

def main():
    printBipoly(5)

main()
```

4.7　本章小结

本章主要介绍了Python语言中常见的数据结构，包括字符串、元组、列表、集合和字典，以及栈和队列的常见操作和函数。通过示例，详细说明了它们的实际应用。

4.8　思考和练习

1. 已知字符串s= "This-is-an-example！"，写出以下操作的结果：

```
s[::-1]
s[4::2]
s[:]
s[3:-5:3]
s[::]
s[3:-5:-1]
```

2. 已知List1=[[1,2,3],[4,5],[6,7,8]]，写出以下操作的结果：

```
List1[1]
List1[0][1]
List1[1][1]
List1[2][2]
List1[2][0]
```

3. 已知元组tup1=(1,[2,3,4],5, "T-am-Tuple!")，写出以下操作的结果：

```
tup1[1]
tup1[1][2]
tup1[3][1:3]
```

4. 已知元组tup1=(1,[2,3,4],5, "T-am-Tuple!")，写出以下操作的结果，并解释原因：

```
tup1=(1,[2,3,4],5, "T-am-Tuple! ")
tup1[1][1]=33
print("tup1=",tup1)
```

5. 已知集合set1={13,9,14,6,19,11,16}和set2={9,12,14,5,16,11,20}，求两者的交集、并集和补集等。

6. 专家指出月份与水果之间存在表4-16所示的对应关系，请建立字典，并编程实现输入月份后输出对应的水果名称的功能。

表4-16　月份与水果的对应关系

月份(key)	水果(value)
1	猕猴桃
2	甘蔗
3	菠萝
4	山竹
5	草莓
6	樱桃

(续表)

月份(key)	水果(value)
7	桃子
8	西瓜
9	葡萄
10	白梨
11	苹果
12	桔子维

7. 利用栈实现将十进制数 N 转换为 d 进制数，要求不能使用Python内置函数。

8. 利用队列实现以下集合划分功能。已知集合 $A=\{a_1,a_2,\cdots,a_n\}$，以及定义在集合上的关系 $R=\{<a_i,a_j>|\ a_i,a_j\in A\}$，其中 $<a_i,a_j>$ 表示 a_i 与 a_j 间存在冲突关系。要求将集合 A 划分成互不相交的子集 $A_1,A_2,\cdots,A_k$，使得任何子集中的元素均无冲突关系，同时尽可能减少子集的个数。

## 第 5 章

迭代器与生成器

迭代是Python最强大的功能之一，它是一种访问容器元素的方式。迭代器对象从容器的第一个元素开始访问，直到所有的元素被访问完毕。迭代器只能向前移动，无法后退。字符串、列表或元组对象都可用于创建迭代器。在Python中，使用yield关键字的函数被称为生成器(generator)。生成器是一个返回迭代器的函数，专门用于迭代操作，并且生成器本身也是一种迭代器。

本章学习目标：
- ⚪ 理解迭代器的含义及其作用
- ⚪ 掌握迭代器的应用
- ⚪ 理解生成器的含义及其作用
- ⚪ 掌握生成器的应用

5.1 迭代器

5.1.1 迭代器概述

1. 迭代的含义

迭代是Python最强大的功能之一，它是一种访问集合元素的方式。对于列表、元组和字符串等类型的数据，可以使用for…in…循环依次取出其中的元素，这个过程称为遍历，也称为迭代。

2. 可迭代对象

可迭代对象(iterable)是可以直接作用于for循环的对象的总称。这包括序列对象(如列表、元组和字符串)以及可迭代的非序列对象(如集合、字典、文件和生成器等)。

可以使用isinstance( )函数判断一个对象是否为可迭代对象。

【实例5-1】

```
# 程序名称: ppb5101.py
# 功能: Iterable对象判断
from collections.abc  import Iterable
def isIterable():
    s1="abc"
    print("字符串是 Iterable对象否? ",isinstance(s1, Iterable))
    list1=[1,2,3]
    print("列表是 Iterable对象否? ",isinstance(list1, Iterable))
    tup1=(1,2,3)
    print("元组是 Iterable对象否? ",isinstance(tup1, Iterable))
    set1={1,2,3}
    print("集合是 Iterable对象否? ",isinstance(set1, Iterable))
    dict1={'1': 'Jordon', '2': 'Kobe', '3': 'James'}
    print("字典是 Iterable对象否? ",isinstance(dict1, Iterable))
    g=(x for x in range(10))
    # 注意(x for x in range(10))为一个generator，因为由列表生成式[]改成了()
    print("generator是 Iterable对象否? ",isinstance(g, Iterable))
    fname="abc.txt"
    print("文件是 Iterable对象否? ",isinstance(fname, Iterable))
    print("数字是 Iterable对象否? ", isinstance(100, Iterable))

def visitIterable():
    s1="abc"
    print("遍历输出字符串元素")
    for e in s1:
        print(e,end="")
    print("")
    list1=[1,2,3]
    print("遍历输出列表元素")
    for e in list1:
        print(e,end="")
    print("")
    tup1=(1,2,3)
    print("遍历输出元组元素")
    for e in tup1:
        print(e,end="")
    print("")
    set1={1,2,3}
    print("遍历输出集合元素")
    for e in set1:
        print(e,end="")
    print("")
    dict1={'1': 'Jordon', '2': 'Kobe', '3': 'James'}
    print("遍历输出字典元素")
    for e in dict1:
        print(e,end="")
    print("")
    fname="abc.txt"
    fp=open(fname)
    print("遍历输出文件内容")
    for e in fp:
        print(e,end="")
    fp.close()

def main():
    isIterable()
    visitIterable()

main()
```

输出结果为：

```
字符串是 Iterable对象否？ True
列表是 Iterable对象否？ True
元组是 Iterable对象否？ True
集合是 Iterable对象否？ True
字典是 Iterable对象否？ True
generator是 Iterable对象否？ True
文件是 Iterable对象否？ True
数字是 Iterable对象否？ False
遍历输出字符串元素
a b c
遍历输出列表元素
1 2 3
遍历输出元组元素
1 2 3
遍历输出集合元素
1 2 3
遍历输出字典元素
1 2 3
遍历输出文件内容
第1行
第2行
第3行
etc
```

3. 迭代器

迭代器(iterator)是一个具有状态的对象，它可以在调用next( )方法的时候返回集合中的下一个值。任何实现了__iter__( )和__next__( )方法的对象都是迭代器。__iter__( )方法返回迭代器自身，而__next__( )方法返回容器中的下一个值。如果集合中没有更多元素，则会抛出StopIteration异常。

迭代器是一个可以记住遍历位置的对象。迭代器对象从集合的第一个元素开始访问，直到所有元素被遍历完毕。迭代器只能向前移动，无法后退。

使用isinstance( )函数可以判断一个对象是否是迭代器对象。

【实例5-2】

```python
# 程序名称: ppb5102.py
# 功能: Iterator对象判断
from collections.abc  import Iterator
def isIterator():
    s1='abc'
    print("字符串是 Iterator对象否? ",isinstance(s1, Iterator))
    list1=[1,2,3]
    print("列表是 Iterator对象否? ",isinstance(list1, Iterator))
    tup1=(1,2,3)
    print("元组是 Iterator对象否? ",isinstance(tup1, Iterator))
    set1={1,2,3}
    print("集合是 Iterator对象否? ",isinstance(set1, Iterator))
    dict1={'1': 'Jordon', '2': 'Kobe', '3': 'James'}
    print("字典是 Iterator对象否? ",isinstance(dict1, Iterator))
    g=(x for x in range(10))
    # 注意(x for x in range(10))为一个generator, 因为由列表生成式[]改成了()
    print("generator是 Iterator对象否? ",isinstance(g, Iterator))
    fname="abc.txt"
    print("文件是 Iterator对象否? ",isinstance(fname, Iterator))
    print("数字是 Iterator对象否? ", isinstance(100, Iterator))

def main():
    isIterator()
main()
```

输出结果为：

```
字符串是 Iterator对象否？ False
列表是 Iterator对象否？ False
元组是 Iterator对象否？ False
集合是 Iterator对象否？ False
字典是 Iterator对象否？ False
generator是 Iterator对象否？ True
文件是 Iterator对象否？ False
数字是 Iterator对象否？ False
```

4. 迭代器的函数

迭代器有两个基本的函数：iter( )和next( )。

- iter(iterable)：从可迭代对象中返回一个迭代器，iterable必须是能够提供迭代器的对象。
- next(iterator)：从迭代器中获取下一条记录，如果无法获取下一条记录，则会触发Stoptrerator异常。

5. 可迭代对象与迭代器

通过iter( )函数可将列表、字典、字符串等可迭代对象转换为迭代器。可迭代对象实现了__iter__( )方法，该方法返回一个迭代器对象。迭代器持有一个内部状态的字段，用于记录下次迭代返回值，并实现了__next__( )和__iter__( )方法。迭代器不会一次性把所有元素加载到内存中，而是在需要时生成返回结果。

字符串、列表或元组对象都可用于创建迭代器。例如：

```
>>>list1=[1,2,3,4]
>>> iter1=iter(list1)           # 创建迭代器对象
>>> print (next(iter1))         # 输出迭代器的下一个元素
>>> print (next(iter1))
```

值得指出的是，可迭代对象和迭代器在遍历方面存在差异。迭代器在遍历完一次后无法从头开始，即迭代器只能向前移动，不能后退。而对于列表等可迭代对象，无论遍历多少次都可以重新开始。

下面举例说明。

【实例5-3】

```
# 程序名称：ppb5103.py
# 功能：演示可迭代对象和迭代器遍历上的差异性

def main():
    list1=[1,2,3,4]
    iter1=iter(list1)    # 创建迭代器对象
    print("2 in iter1=",2 in iter1)
    print("2 in iter1=",2 in iter1)
    print("2 in list1=",2 in list1)
    print("2 in list1=",2 in list1)
    print("2 in list1=",2 in list1)
    print("第1次遍历迭代器iter2")
    iter2=iter(list1)    # 创建迭代器对象
    for i in range(1,5):
        print(i," in iter2=",i in iter2)
    print("第2次遍历迭代器iter2")
    for i in range(1,5):
        print(i," in iter2=",i in iter2)
    print("第1次遍历列表list1")
    for i in list1:
```

```
        print(i," in list1=",i in list1)
    print("第2次遍历列表list1")
    for i in list1:
        print(i," in list1=",i in list1)

main()
```

输出结果为：

```
2 in iter1=True
2 in iter1=False
2 in list1=True
2 in list1=True
2 in list1=True
第1次遍历迭代器iter2
1  in iter2=True
2  in iter2=True
3  in iter2=True
4  in iter2=True
第2次遍历迭代器iter2
1  in iter2=False
2  in iter2=False
3  in iter2=False
4  in iter2=False
第1次遍历列表1
1  in list1=True
2  in list1=True
3  in list1=True
4  in list1=True
第1次遍历列表2
1  in list1=True
2  in list1=True
3  in list1=True
4  in list1=True
```

5.1.2 迭代器应用

迭代器对象可以使用常规for语句进行遍历，也可以使用 next( )函数逐个获取元素。下面举例说明。

【实例5-4】

```
# 程序名称：ppb5104.py
# 功能：Iterator的创建和访问
import sys                        # 引入sys模块
from collections.abc  import Iterator
def visitWithFor():
    # 迭代器对象可以使用常规for语句进行遍历：
    print("for语句遍历输出字符串中元素......")
    s1='abcd'
    iterStr=iter(s1)              # 创建迭代器对象
    for e in iterStr:
        print(e, end=" ")
    print("")

    print("for语句遍历输出列表中元素......")
    list1=[1,2,3,4]
    iterList=iter(list1)          # 创建迭代器对象
    for e in iterList:
        print(e, end=" ")
    print("")
```

```
def visitWithNext():
    # 使用next()函数遍历
    print("next()函数遍历输出字符串中元素......")
    s1='abcd'
    iterStr=iter(s1)                    # 创建迭代器对象
    while True:
        try:
            print (next(iterStr)," ",end="")
        except StopIteration:
            break
    print("")

    print("next()函数遍历输出列表中元素......")
    list1=[1,2,3,4]
    iterList=iter(list1)                # 创建迭代器对象
    while True:
        try:
            print (next(iterList)," ",end="")
        except StopIteration:
            break
    print("")

def main():
    visitWithFor()
    visitWithNext()

main()
```

输出结果为：

```
for语句遍历输出字符串中元素......
a b c d
for语句遍历输出列表中元素......
1 2 3 4
next()函数遍历输出字符串中元素......
a  b  c  d
next()函数遍历输出列表中元素......
1  2  3  4
```

说明：

StopIteration 异常用于标识迭代的结束，以防止出现无限循环。在 __next__()方法中，可以设置在完成指定循环次数后触发 StopIteration 异常，从而结束迭代。

5.2 生成器

5.2.1 生成器概述

1. 列表生成式

生成列表的方式有多种。以下是一个示例。

假设要生成列表序列为：[3, 5, 11, 21, 35, 53, 75, 101, 131, 165]。通过分析，可以发现列表元素呈现以下规律：

$$a_n = 2n^2 + 3(n = 0,1,2,\cdots)$$

基于以上规律，可以编写程序生成列表序列。

【实例5-5】

```python
# 程序名称：ppb5200.py
# 功能：生成序列的几种传统方式
def main():
    # 方法1(简单)：
    # info=[0, 1, 2, 3, 4, 5, 6, 7, 8, 9]
    list1=[]
    for n in range(10):
        list1.append(2*n**2+3)
    print("list1=",list1)

    # 方法2(高级)：
    list3=[2*n**2+3 for n in range(10)]
    print("list3=",list3)

main()
```

以上有两种生成列表序列的方法：方法1是利用append()方法逐一向列表添加元素，方法2则是利用列表生成式来生成列表序列。显然，方法2更为简洁高效。

列表生成式以非常简洁的方式快速生成满足特定需求的列表，其代码具有非常强的可读性。

列表生成式的语法形式为：

```
[expression for expr1 in sequence1 if condition1
            for expr2 in sequence2 if condition2
            for expr3 in sequence3 if condition3
            ...
            for exprN in sequenceN if conditionN]
```

列表生成式在逻辑上与循环语句等价，但其形式更为简洁。下面举例说明。

【实例5-6】

```python
# 程序名称：ppb5201.py
# 功能：列表生成器
def showListGenerate():
    list11=[x*x for x in range(6)]
    print("list11=",list11)

    list12=[]
    for x in range(6):
        list12.append(x*x)
    print("list12=",list12)

    list21=[x*x for x in range(6) if x%2==0]
    print("list21=",list21)

    list22=[]
    for x in range(6):
        if x%2==0:
            list22.append(x*x)
    print("list22=",list22)

    list31=[x*x+y*y  for x in range(6) for y in range(6)]
    print("list31=",list31)

    list32=[]
    for x in range(6):
        for y in range(6):
            list32.append(x*x+y*y)
```

```
        print("list32=",list32)

        list41=[x*x+y*y for x in range(6)  if x%2==0 for y in range(6) if y%3==0]
        print("list41=",list41)

        list42=[]
        for x in range(6):
            if x%2==0:
                for y in range(6):
                    if y%3==0:
                        list42.append(x*x+y*y)
        print("list42=",list42)

def main():
    showListGenerate()

main()
```

输出结果为：

```
list11=[0, 1, 4, 9, 16, 25]
list12=[0, 1, 4, 9, 16, 25]
list21=[0, 4, 16]
list22=[0, 4, 16]
list31=[0, 1, 4, 9, 16, 25, 1, 2, 5, 10, 17, 26, 4, 5, 8, 13, 20, 29, 9, 10, 13, 18,
        25, 34, 16, 17, 20, 25, 32, 41, 25, 26, 29, 34, 41, 50]
list32=[0, 1, 4, 9, 16, 25, 1, 2, 5, 10, 17, 26, 4, 5, 8, 13, 20, 29, 9, 10, 13, 18,
        25, 34, 16, 17, 20, 25, 32, 41, 25, 26, 29, 34, 41, 50]
list41=[0, 9, 4, 13, 16, 25]
list42=[0, 9, 4, 13, 16, 25]
```

说明：

从本实例可以看出，列表生成式在逻辑上等价于循环语句，但在形式上更加简洁。尤其是在涉及多个for循环(即多重循环)时，这种简洁性尤为突出。例如，在本实例中，list41是通过列表生成式生成的，而list42则是通过嵌套循环生成的。显然，列表生成式更加简洁易懂。

2. 生成器生成式

尽管列表生成式可以非常简洁地创建一个列表，但由于内存限制，列表的容量是有限的。例如，创建一个包含100万个元素的列表将占用大量的存储空间。此外，如果只需要访问前面几个元素，那么后面绝大多数元素占用的空间都是浪费且多余的。

生成器生成式通过特定的算法推算后续元素，无须创建完整的列表，从而显著节省内存空间。在Python中，这种边循环边计算的机制被称为生成器(generator)。

生成器是一个特殊的程序，用于控制循环的迭代行为。在Python中，生成器是迭代器的一种，使用yield关键字返回值函数。每次调用yield时，生成器会暂停，并且可以通过next()函数或send()函数恢复运行。

生成器类似于返回数组的函数，它可以接受参数并被调用。然而，与一般的函数一次性返回包含所有值的数组不同，生成器每次只能产生一个值。这种特点大大减少了内存消耗，并允许调用函数快速处理前几个返回值。因此，生成器看起来像一个函数，但是表现得却像是迭代器。

生成器可以被视为用于生成列表、元组等可迭代对象的"机器"。在Python中，它在未启动之前仅仅是一个符号。也就是说，生成器并不是真正意义上的列表，因此在内存使用上比列表更加高效。必要时，生成器可以按需生成列表。下面举例说明。

【实例5-7】

```
# 程序名称：ppb5202.py
# 功能：生成器
# from collections import Iterator

def  showGenerator():
    # 列表生成式
    list1=[2*n**2+3 for n in range(10)]
    print("list1=",list1)

    # 生成器生成式
    maxNum=10  # 定义生成器生成规模(最大数量)
    g1=(2*n**2+3  for n in range(maxNum))
    realNum=8  # 定义生成器实际生成数量
    data1=[next(g1) for n in range(realNum)]
    print("data1=",data1)

    # 列表生成式
    list2=[x*x+y*y for x in range(5)
                        for y in range(3)]
    print("list2=",list2)

    # 生成器生成式
    maxRaws=5  # 定义生成器生成规模(最大数量)
    maxCols=3  # 定义生成器生成规模(最大数量)
    realNum=8  # 定义生成器实际生成数量<=maxRaws*maxCols
    g2=(x*x+y*y for x in range(maxRaws) for y in range(maxCols))
    realNum=8  # 定义生成器实际生成数量
    data2=[next(g2) for n in range(realNum)]
    print("data2=",data2)

def main():
    showGenerator()

main()
```

以上实例中，[2*n**2+3 for n in range(10)]是一个列表生成式，生成的列表为list1=[3, 5, 11, 21, 35, 53, 75, 101, 131, 165]。另一方面，g1=(2*n**2+3 for n in range(maxNum))定义了一个生成器g1，其中maxNum指定了生成器的规模(最大数量)。通过调用next(g1)可以启动生成器并生成列表，而realNum则定义了生成器实际生成的数量。利用生成器g1生成的列表为data1=[3, 5, 11, 21, 35, 53, 75, 101]。类似地，[x*x+y*y for x in range(5) for y in range(3)]是另一个列表生成式，而g2=(x*x+y*y for x in range(maxRaws)for y in range(maxCols))则定义了生成器g2。

从实例可以看出，只需将列表生成式中的中括号[ ]改为小括号( )，列表生成式就会变成生成器。

需要注意的是，realNum不能大于maxNum，因为使用内置方法next( )启动生成器生成元素时，生成的数量不能超过生成器所设定的最大规模。

3. 创建生成器方法

方式1：生成器生成式。

通过将一个列表生成式的中括号[]改为小括号( )，可以创建一个生成器。例如：

```
>>>List1=[2*n**2+3 for n in range(10)]
>>>g=(2*n**2+3  for n in range(10))
```

在这个例子中，[2 *n**2+3 for n in range(10)]为列表生成式，将[]换成( )就可以创建一个生成器g。

方式2：生成器函数。

如果一个函数定义中包含yield关键字，那么这个函数就不再是一个普通函数，而是一个生成器函数。

调用普通函数时，它执行完毕后会返回一个值并退出；而调用生成器函数时，函数会自动挂起，随后可以在需要时继续执行。通过yield关键字，生成器函数可以暂停执行并返回一个值，同时保留当前的状态，以便后续继续执行。每次调用next( )时，生成器函数会从上次执行到的yield语句处继续执行。

下面举例说明。

【实例5-8】

```python
# 程序名称：ppb5203.py
# 功能：生成器的定义方式演示
def main():
    maxNum=10   # 定义生成器生成规模(最大数量)
    realNum=8   # 定义生成器实际生成数量
    list1=[2*n**2+3 for n in range(maxNum)]
    print("list1=",list1)

    # 方式1：生成器表达式
    g1=(2*n**2+3  for n in range(maxNum))
    data1=[next(g1) for n in range(realNum)]
    print("data1=",data1)

    # 方式2：生成器函数
    def createData(maxN):  # maxN为最终迭代次数
        n=0
        while  i<maxN:
            an=2*n**2+3
            yield an
            n=n+1

    g2=createData(maxNum)
    data2=[next(g2) for n in range(realNum)]
    print("data2=",data2)

main()
```

说明：

在上述代码中，方式1采用生成器表达式来生成生成器g1；方式2则采用生成器函数的方式生成生成器g2。在方式2中，首先定义了生成器函数createData()，然后调用该函数以生成生成器g2。

4. 迭代器的特点

一般来说，迭代器具有以下几个特点。

1) 按需计算

迭代器不会提前计算出所有的元素，而是在需要时才进行计算并返回。

2) 省空间

例如，如果存储10 000个元素，列表大约占用 80K的内存，而生成器仅占用56个字节。这主要因为生成器具有按需计算的特性。

3) 支持大数据

这个特点实际上是前面两个特点的衍生结果。可以说，正是由于迭代器的存在，Python在大数据分析方面具有独特的优势。当然，生成器也是一种迭代器，同样具备上述特点。

5.2.2　生成器的函数或方法

1. __next__()方法和next()内置函数

当调用生成器函数以生成生成器g时，该生成器对象会自带一个g.__next__()方法。该方法可以开始或继续执行函数，直到遇到下一个yield语句返回结果，或者引发StopIteration异常(该异常在函数执行到末尾或遇到return语句时触发)。此外，也可以通过Python的内置函数next()来调用g.__next__()方法，两者结果都是一样的。

【实例5-9】

```python
# 程序名称：ppb5204.py
# 功能：next()和__next()__方法演示

def gen():
    a=yield 1
    b=yield 2
    return 100

def main():
    g1=gen()
    n1=next(g1)
    print("n1=",n1)
    n2=next(g1)
    print("n2=",n2)

    g2=gen()
    n1=g2.__next__()
    print("n1=",n1)
    n2=g2.__next__()
    print("n2=",n2)

main()
```

输出结果为：

```
n1=1
n2=2
n3=1
n4=2
```

2. send()方法

send()方法和next()方法在某种意义上具有相似的功能，都是用来唤醒并继续执行生成器。但二者之间也存在一定区别：send()方法可以传递yield的值，而next()方法只能传递None。因此，next()和send(None)的作用是一样的。

从技术上讲，yield是一个表达式，具有返回值。当使用内置的next()函数或__next__()方法时，默认yield表达式的返回值为 None。而使用send(value)方法可以把一个值传递给生成器，使得yield表达式的返回值为send()方法传入的值。

生成器首次启动时(即第一次调用时)，应使用next()语句或send(None)。如果直接发送一个非None值，将会引发TypeError，因为此时没有yield语句来接收该值。

send(msg)和next()的返回值比较特殊，它们返回的是下一个yield表达式的参数(例如，如果

yield表达式为yield 5，则返回值为5)。

【实例5-10】

```
# 程序名称：ppb5205.py
# 功能：send()方法演示
def gen():
    a=yield 1
    print('a=', a)
    b=yield 2
    print('b=', b)
    c=yield 3
    print('c=',c)
    return 'It is over! '

def main():
    g=gen()
    print('********************************')
    n1=g.send(None)
    print('第1个yield参数值为:', n1)
    print('***********************************')
    n2=g.send('The 2st send')
    print('第2个yield参数值为:', n2)
    print('********************************')
    n3=g.send('The 3st send')
    print('第3个yield参数值为:', n3)
    print('********************************')

    try:
        n4=g.send('The 4st send')
    except StopIteration:
        print('运行到末尾了,没有yield语句供继续运行！')
    finally:
        print('********************************')

main()
```

说明：

本实例表明，yield的返回值是由send( )方法传入的。同时，send( )方法或next( )方法的返回值为yield表达式的参数(例如，如果yield表达式为yield 1，则返回值为1)。

3. 生成器函数中的return语句

当生成器执行到return语句时，会抛出StopIteration的异常，异常的值就是return的值。此外，即使在return后面有yield语句，这些语句也不会被执行。

4. close()方法与throw()方法

生成器对象具有close()方法和throw()方法，可以使用它们提前关闭一个生成器或抛出异常。调用close()方法时，它实际上会在生成器内部引发一个GeneratorExit异常以终止迭代。而throw()方法则通过抛出一个GeneratorExit异常来终止生成器。

5.2.3　生成器应用举例

下面通过示例展示如何利用生成器函数生成特定的数列。

数列1：

$$a(n) = p \cdot a(n-1) + q$$

p =1时，数列为等差数列。

p =2且q=1时，数列为汉诺塔数列。

数列2：

$$a(n) = p \cdot a(n-2) + q \cdot a(n-1)$$

当p =1且q=1时，数列为斐波那契数列。

数列3：

$$a(n) = p \cdot a(n-3) + q \cdot a(n-2) + w \cdot a(n-1)$$

【实例5-11】

```
# 程序名称：ppb5206.py
# 功能：生成器的应用：特殊数列
# 定义全程变量
maxNum=10   # 定义生成器生成规模(最大数量)
realNum=8   # 定义生成器实际生成数量

def callListExpr():
    # 列表生成式
    list1=[2**(n+1)-1 for n in range(maxNum)]
    print("list1=",list1)

def callGenerateorExpr():
    # 方式1：生成器表达式
    g1=(2**(n+1)-1  for n in range(maxNum))
    data1=[next(g1) for n in range(realNum)]
    print("data1=",data1)

# 方式2：生成器函数
# a(n)=p*a(n-1)+q
# 假定序列初始两个元素为1
# maxN为最终迭代次数
def fun1(maxN,p,q):
    n,f1=0,1
    while n < maxN:
        yield f1
        f1=p*f1+q
        n=n+1
    return 'done'

# a(n)=p*a(n-1)+q*a(n-2)
# 假定序列初始两个元素为1,1
# maxN为最终迭代次数
def fun2(maxN,p,q):
    n,f0,f1=0,1,1
    while n < maxN:
        if n > 0:
            yield f1
            f0,f1=f1,p*f0+q*f1
        else:
            yield f0
        n=n+1
    return 'done'

# a(n)=p*a(n-1)+q*a(n-2)+w*a(n-3)
```

```
# 假定序列初始两个元素为1,2,3
# maxN为最终迭代次数
def fun3(maxN,p,q,w):
    n,f0,f1,f2=0,1,2,3
    while n < maxN:
        if n==0:
            yield f0
        elif n==1:
            yield f1
        else:
            yield f2
            f0,f1,f2=f1,f2,p*f0+q*f1+w*f2
        n=n+1
    return 'done'


def main():
    g1=fun1(maxNum,2,1)    # p=2,q=1时为汉诺塔数列
    data1=[next(g1) for n in range(realNum)]
    print("data1=",data1)

    g2=fun2(maxNum,1,1)    # p=1,q=1时为斐波拉契数列
    data2=[next(g2) for n in range(realNum)]
    print("data2=",data2)

    g3=fun3(maxNum,1,1,1)
    data3=[next(g3) for n in range(realNum)]
    print("data3=",data3)

main()
```

输出结果为:

```
data1=[1, 3, 7, 15, 31, 63, 127, 255]
data2=[1, 1, 2, 3, 5, 8, 13, 21]
data3=[1, 2, 3, 6, 11, 20, 37, 68]
```

5.3　本章小结

　　本章主要介绍了迭代、可迭代对象和迭代器的概念，以及iter( )和next( )函数的作用及其应用。同时，详细讲解了生成器的定义及其多种实现方式。对每个知识点，本章均通过实例进行了详细说明。

5.4　思考和练习

　　1. 如何判断一个对象是可迭代对象？

　　2. 如何判断一个对象是迭代器？

　　3. 如何将可迭代对象转换为迭代器？

　　4. 自定义一个列表生成式，并访问生成的数据。

　　5. 以列表生成式为基础定义一个生成器，并调用生成器以生成所需数据。

　　6. 自定义迭代器生成函数，计算数列($f(n)=f(n-4)+2f(n-3)+3f(n-2)+4f(n-1)$)，初始值为1,2,3,4。

第6章

面向对象程序设计

Python是一种面向对象的程序设计语言。类是某些对象的共同特征(属性和方法)的抽象表示，而对象是类的实例。类是构成Python程序的基本要素，封装了一类对象的状态和方法，作为定义对象的模板。类之间的继承关系反映了它们之间的内在联系，以及对属性和方法的共享，即子类可以继承父类(被继承类)的某些特征。

本章学习目标：

- 理解类的含义及其创建方法
- 理解并掌握类中成员变量和方法的分类及使用
- 理解对象的含义、创建方法和引用
- 理解类的成员变量和方法与对象的成员变量和方法之间的区别
- 理解并掌握继承的含义及其使用

6.1　类和对象

6.1.1　类和对象的概述

在面向对象程序设计中，对象是将客观事物的属性和行为封装成一个整体。类则表示某些对象的共同特征(属性和方法)，而对象是类的实例。类封装了一类对象的状态和方法，作为定义对象的模板。当使用类创建一个对象时，就是在生成该类的一个实例。

1. 类的定义

在语法上，类由两部分构成：类声明和类体。类声明部分包括class关键字、类名和冒号(:)，其中class关键字和类名之间应有一个空格。类体由统一缩进的部分构成，缩进部分包含成员变量和成员方法。成员变量和成员方法统称为成员。

基本格式如下：

```
class 类名 [(父类名)]:
    # 零个到多个成员变量...
    # 零个到多个方法...
```

例如：

```
class MyBox:
    radius=1.0
    def area(self):
        return self.radius*self.radius*3.14
```

说明：

类MyBox包含成员变量radius和一个方法area( )。

值得指出的是，类体可以为空。例如：

```
class Empty:
    pass
```

通常来说，空类没有太大的实际意义。此外，类中各成员之间的定义顺序没有任何影响，各成员之间可以相互调用。

2. 对象的创建和使用

对象是类的实例。创建对象的语法格式如下：

```
对象名=类名()     # 创建对象
```

创建对象后，可以访问对象的成员(变量和方法)。访问格式为：

```
对象.变量|方法(参数)
```

示例如下：

```
mybox=MyBox( )
mybox.radius          # 引用mybox的成员变量radius
mybox.area()          # 调用mybox的方法area()
```

上述代码定义了MyBox类的一个对象mybox，并访问了该对象的成员变量radius和方法area( )。

3. 成员的访问

在Python中，类中定义的成员变量和方法可以分为两类：属于类的成员(类变量和类方法)和属于对象的成员(实例变量和实例方法)。

对属于类的成员变量和方法，可以使用"类名.变量|方法(参数)"的形式进行访问；而对于属于对象的成员变量和方法，则使用"对象名.变量|方法(参数)"的形式进行访问。

由于Python语言是一种动态语言，如果没有前缀"类名."或"对象名."，就很难区别变量和方法的归属。同时，Python允许在程序中根据需要增加和删除成员变量和方法。具体详细信息，可参见本章关于成员变量、成员方法及其增加与删除的部分。

【实例6-1】

自定义一个长方形类MyBox，该类包含两个成员变量width和height，以及用于计算周长和面积的方法。接着，以类MyBox为基础创建对象，以演示方法的使用和属性的获取等功能。

```
# 程序名称：ppb6101.py
# 功能：类的定义使用初步
```

```
# -*- coding: UTF-8 -*-

class MyBox:        # 自定义圆类
    width=0.0
    height=0.0
    def init(self,width1=1.0,height1=1.0):
        self.width=width1
        self.height=height1

    def setValue(self,width1,height1):
        self.width=width1
        self.height=height1

    def getWidth(self):
        return self.width

    def getHeight(self):
        return self.height

    def area(self):
        return self.height*self.width

    def perimeter(self):
        return 2*(self.height+self.width)

def main():
    obj=MyBox()
    print("初始长方形的信息")
    print("width=",obj.getWidth())
    print("height=",obj.getHeight())
    print("周长=",obj.perimeter())
    print("面积=",obj.area())
    obj.setValue(3,3)
    print("重新设置后长方形的信息")
    print("width=",obj.getWidth())
    print("height=",obj.getHeight())
    print("周长=",obj.perimeter())
    print("面积=",obj.area())

main()
```

输出结果为：

```
初始长方形的信息
width=2
height=2
周长=8
面积=4
重新设置后长方形的信息
width=3
height=3
周长=12
面积=9
```

说明：

以上实例代码在MyBox中定义了两个成员变量：width和height，以及五个方法：setValue、getWidth( )、getHeight( )、area( )和perimeter( )。

6.1.2　成员变量

1. 成员变量概述

类中的变量可分为成员变量和非成员变量两种。非成员变量是在方法体中定义的局部变量和方法参数。成员变量用于描述类和对象的状态(或属性)。对成员变量的操作实际上就是改变对象的状态(或属性)，以满足程序的需要。成员变量可分为属于类的变量(类变量)和属于对象的变量(实例变量)。每种类型的变量又可分为私有变量和公共变量。

在类体中定义成员变量时无须使用前缀"类名."，但在其他地方(包括增加和删除成员变量)定义时，必须加前缀"类名."或"对象名."，否则定义的将是非成员变量。

在类体中可以定义多个成员变量，但同一类中的各成员变量不能同名。

2. 类变量和实例变量

类变量属于类本身，用于定义类所包含的状态数据。类变量包括类体中(方法之外)定义的变量，以及在方法中以"类名.变量=值"形式定义的变量。此外，在类外以"类名.变量=值"形式定义的变量也属于类变量。

实例变量属于该类的对象，用于定义对象所包含的状态数据。实例变量包括在类体的方法内以"对象名.变量=值"形式定义的变量，以及在类外以"对象名.变量=值"形式定义的变量。一般说来，实例变量是在构造方法__init__()中创建的。关于构造方法__init__()的详细信息将在后续章节中介绍。

3. 成员变量的归属

在Python中，采取"xxx.变量=值"形式定义(包括增加)的成员变量究竟属于类变量还是实例变量，取决于"xxx"是对象名还是类名。如果"xxx"是类名，则该变量为类变量；如果"xxx"是对象名，则该变量为实例变量。由于Python语言是一种动态语言，同一名称的成员变量可能会随着"xxx"的不同而改变其归属。

成员变量可以通过"xxx.变量"的形式进行访问，其中"xxx"可以是对象名或类名。对于类变量，通常使用"类名.变量"形式进行访问。同时，如果没有与之对应的实例变量(即"对象名.变量")存在，仍然可以采取"对象名.变量"的形式访问类变量。

【实例6-2】

```python
# 程序名称：ppb6102.py
# 功能：成员变量的访问
# -*- coding: UTF-8 -*-

class Researcher:
    workno="123"                    # L1：成员变量
    def publish(self,str1):
        self.author=str1            # L2：成员变量
        temp=0                      # L3：非成员变量
        print("成员变量author属于：",str1)

def main():
    print("Researcher.workno=", Researcher.workno)     # L4
    researcher=Researcher()                            # L5
    print("researcher.workno=", researcher.workno)     # L6
    print("Researcher.workno=", Researcher.workno)     # L7
    researcher.workno="20050000"                       # L8
```

```
        print("researcher.workno=", researcher.workno)      # L9
        print("Researcher.workno=", Researcher.workno)      # L10

        Researcher.publish(Researcher,"类Researcher ")       # L11
        print("Researcher.author=",Researcher.author)       # L12
        researcher.publish("对象researcher ")                # L13
        print("researcher.author=", researcher.author)      # L14

main()
```

输出结果为：

```
Researcher.workno=123
researcher.workno=123
Researcher.workno=123
researcher.workno=20050000
Researcher.workno=123
成员变量author属于：类Researcher
Researcher.author=类Researcher
成员变量author属于：对象researcher
researcher.author=对象researcher
```

说明：

(1) 上述实例代码在#L1和#L2处用于定义或增加成员变量，#L3处定义了一个局部变量。

(2) Python是一种动态语言，成员变量的归属是动态变化的。在#L4中，Researcher.workno访问类的成员变量。在#L5中，创建了对象方法researcher。截至目前，workno是类变量，可以通过"类名.变量"或"对象名.变量"的形式访问，如#L6和#L7中所示。在#L8中，增加一个属于对象researcher的成员变量researcher.workno，此时类Researcher也有成员变量Researcher.workno。因此，在#L9和#L10中分别访问researcher的成员变量researcher.workno和类Researcher的成员变量Researcher.workno。

(3) 在#L11中调用方法publish()，增加了类Researcher的成员变量Researcher.author。在#L13中调用方法publish()，增加了对象researcher的成员变量researcher.author。由此可见，仅通过#L2中的self.author=str1不能判断该成员变量是类变量还是实例变量。

4. 私有变量和公共变量

成员变量可分为私有变量和公共变量。私有变量以"双下画线"(如__xx)命名。而公有变量可以通过"对象.变量"或"类名.变量"的形式访问。相对而言，私有变量不能通过这种方式直接访问，但可以通过类或对象中可访问的方法间接访问。

Python并没有对私有成员提供严格的访问保护机制。私有变量在类的外部不能直接访问，必须通过调用类或对象的公共成员方法来访问，或者通过Python支持的特殊方式进行访问。虽然Python提供了访问私有变量的特殊方法，这些方法通常仅用于程序的测试和调试。同样，成员方法也具有类似的性质。

下面举例说明。

【实例6-3】

```
# 程序名称：ppb6103.py
# 功能：私有变量和公共变量
# -*- coding: UTF-8 -*-

class MyStudent:
    __classidea="勤奋"    # 班级理念：私有类变量
```

```
            totalnum=0                # 统计班级人数：公共类变量
            classno="201700"         # 班级编号：公共类变量
            def __init__(self):
                self.stdno=""
                self.stdname=""
                self.__stdDiseaseStatus=""
                MyStudent.totalnum=MyStudent.totalnum+1

            def setStudentInfo(self,no1,name1,status1):
                self.stdno=no1
                self.stdname=name1
                self.__stdDiseaseStatus=status1

            def setClassInfo(idea1,no1):
                MyStudent.__classidea=idea1
                MyStudent.classno=no1

            def getClassIdea():
                return MyStudent.__classidea

            def getDiseaseStatus(self):
                return self.__stdDiseaseStatus

    def main():
        print("class.__classidea=",MyStudent.getClassIdea())          # 访问私有类变量
        print("class.totalnum=",MyStudent.totalnum)                   # 访问公共类变量
        print("class.classno=",MyStudent.classno)                     # 访问公共类变量

        MyStudent.setClassInfo("勤奋好学","201701")
        print("class.__classidea=",MyStudent.getClassIdea())          # 访问私有类变量
        print("class.totalnum=",MyStudent.totalnum)                   # 访问公共类变量
        print("class.classno=",MyStudent.classno)                     # 访问公共类变量

        obj1=MyStudent()
        obj1.setStudentInfo("20170101","张三",{"高血压"})
        print("class.totalnum=",MyStudent.totalnum)                   # 访问公共类变量
        print("object.stdno=",obj1.stdno)                             # 访问公共实例变量
        print("object.stdname=",obj1.stdname)                         # 访问公共实例变量
        print("object.__stdDiseaseStatus=",obj1.getDiseaseStatus())   # 访问私有实例变量

        obj2=MyStudent()
        obj2.setStudentInfo("20170102","里斯",{"高血压","胃病"})
        print("class.totalnum=",MyStudent.totalnum)                   # 访问公共类变量
        print("object.stdno=",obj2.stdno)                             # 访问公共实例变量
        print("object.stdname=",obj2.stdname)                         # 访问公共实例变量
        print("object.__stdDiseaseStatus=",obj2.getDiseaseStatus())   # 访问私有实例变量

    main()
```

输出结果为：

```
class.__classidea=勤奋
class.totalnum=0
class.classno=201700
class.__classidea=勤奋好学
class.totalnum=0
class.classno=201701
class.totalnum=1
object.stdno=20170101
object.stdname=张三
object.__stdDiseaseStatus={'高血压'}
class.totalnum=2
object.stdno=20170102
```

```
object.stdname=里斯
object.__stdDiseaseStatus={'胃病', '高血压'}
```

说明：

(1) 本实例定义了一个学生类。在一个班级中，班级号classno和班级理念__classidea是公有属性，而每个学生则具有独特的学号stdno、姓名stdname和疾病史__stdDiseaseStatus。其中，__classidea和__stdDiseaseStatus为私有变量，其余为公共变量。

(2) __init__()是构造方法，在创建对象时会调用构造方法以实例化对象。在此方法中添加语句MyStduent.totalnum=MyStduent.totalnum+1可记录以类为基础创建的对象数量。关于构造方法的详细介绍将在本书后续章节中提供。

(3) 私有变量__classidea和__stdDiseaseStatus在类外不能通过"对象.变量"或"类名.变量"的形式直接访问，但可以通过可访问的方法getClassIdea()或getDiseaseStatus()间接访问。

6.1.3　成员方法

1. 成员方法分类

在Python中，方法的定义与函数的定义类似，均使用 def 关键字。类的成员方法可以根据不同的标准进行分类。

从是否包含特定标识符的角度，成员方法可以分为静态方法、类方法、抽象方法和其他方法。静态方法由@staticmethod修饰，类方法由@classmethod修饰，而抽象方法则由@abstractmethod修饰。其他未带有这些修饰符的方法被称为普通方法。为方便表述，本书将这些方法统称为普通方法。

从访问权限角度来看，成员方法可以分为公共方法和私有方法。私有方法是指以两个下画线"__"开头的方法。

例如：

```
class MyClass:
    @ staticmethod
    def fun11():
        Print("@ staticmethod型公共方法()")
    @ staticmethod
    def __fun12():
        Print("@ staticmethod型私有方法()")
    @ classmethod
    def fun21():
        Print("@ classmethod型公共方法()")
    def __fun22():
        Print("@ classmethod型私有方法()")
    def __fun3():
        Print("私有方法()")
    def  fun4():
        Print("公共方法()")
```

以上fun11()是公共静态方法，__fun12()是私有静态方法，fun21()是公共类方法，__fun12()是私有类方法，__fun3()是私有方法，fun4()是公共方法。

2. 成员方法调用

在Python中，根据不同情况，成员方法可以通过"类名.成员"和"对象名.成员"的形式进行调用。下面将分情况具体介绍成员方法调用。

1) 绑定式调用和非绑定式调用

绑定式调用是指在调用方法时，调用者会自动绑定到被调用方法的第一个参数self。根据惯例，这种调用方式下的形参第一个参数通常命名为self，它代表当前的调用者。由于这种绑定是自动执行的，因此不需要为第一参数显式地传值。在这种情况下，实参的数量比形参少一个参数。非绑定式调用则是指调用方法时，不会将调用者自动绑定到被调用方法的第一个参数self。图6-1展示了不同调用方式下形参与实参之间的对应关系。

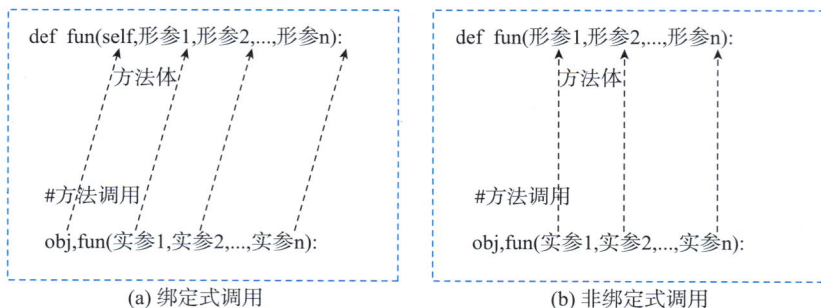

(a) 绑定式调用　　　　　(b) 非绑定式调用

图 6-1　不同调用方式下形参与实参对应关系示意图

2) 普通方法的调用

当采取"xxx.方法()"的方式调用时，如果"xxx"是一个对象名或实质上与某个对象对应，那么Python会按照绑定式调用的方式来调用该方法，系统会自动将调用者绑定到被调用方法的第一个形参self。在类外，"xxx.方法()"具体表现为"对象名.方法()"；而在类内"xxx.方法()"则表现为"self.方法()"，这里的self与某个对象一一对应，因此实际上也可以看作是"对象名.方法()"的调用形式。因此，这种调用方法统称为"对象名.方法()"调用。需要注意的是，"对象名.方法()"调用是一种绑定式调用。

值得指出的是，self参数值是在调用时确定的。当对象A调用方法时，self参数值将与对象A对应；当对象B调用方法时，self参数值则与对象B对应，依此类推。

"类名.方法()"的调用方式是非绑定式调用。因此，对一个方法而言，如果设计者在定义时约定第一个参数self用于接收通过"对象名.方法()"调用方式自动绑定的对象名，那么在使用"类名.方法()"调用类中这类含有self参数的方法时，由于系统不会将调用者自动绑定到被调用方法的第一个形参self，为了正确调用方法并获得预期结果，实参和形参必须实质性地一致。在这种情况下，必须显式地给self参数传递一个值(否则参数数量将不一致)，以明确指定self与哪个对象对应。传递的值可以是某个对象名，也可以是类名，如图6-2所示。

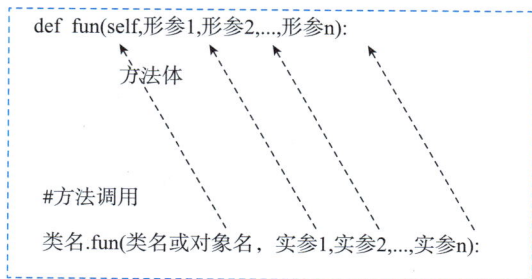

图 6-2　类名.方法()调用下形参与实参对应关系

在类中，私有方法不能通过"对象名.方法()"或"类名.方法()"的形式直接调用，但可以通过一个可访问的方法间接调用。

self的名称并不是固定不变的，原则上可以使用任何名称。为了提高可读性，通常约定将该参数命名为self。在本文中，self参数特指在绑定式调用中接收自动传递值的第一个形参。在非绑定式调用中，则需要显式地为self传递值。

3) 静态方法和类方法的调用

静态方法和类方法都可以通过"类名.方法()"或"对象名.方法()"的方式调用，但它们不能直接访问属于对象的成员，只能访问属于类的成员。静态方法和类方法不属于任何实例，因此不会绑定到任何实例，也不依赖于任何实例的状态，这使得它们与实例方法相比能够减少很多开销。

类方法通常以cls作为类方法的第一个参数，表示该类自身。在调用类方法时，不需要为该参数传递值，而静态方法则可以不接收任何参数。

综上所述，在调用普通方法时，务必区分清楚是绑定式调用还是非绑定式调用。绑定式调用会自动将调用者绑定到被调用方法的第一个参数self。在此基础上，要正确明确形参和实参之间的对应关系。因为Python中一切皆是对象，只要形参和实参的数量一致，调用就可以进行。然而，如果每个形参与对应位置的实参之间没有正确匹配，就可能出现预期不到的结果。

因此，任何方法均可通过"类名.方法()"的方式调用，但有些方法不能通过"对象名.方法()"的方式调用。在实际应用中，为方便简化起见，将能被对象调用的方法的第一形参命名为self。对于这类包含self参数的方法，当使用"对象名.方法()"方式调用时，会自动将对象传递给self参数；而使用"类名.方法()"方式调用时，则必须显式地为self参数传递一个名称(可以是对象名或类名)，以明确self与哪个对象对应。没有self参数的方法则不能通过"对象名.方法()"的方式调用。

【实例6-4】

```python
# 程序名称：ppb6104.py
# 功能：私有变量和公共变量
# -*- coding: UTF-8 -*-

class MyStudent:
    __classidea="勤奋"      # 班级理念：私有类变量
    totalnum=0              # 统计班级人数：公共类变量
    classno="201700"       # 班级编号：公共类变量
    def __init__(self):
        self.stdno=""
        self.stdname=""
        self.__stdDiseaseStatus=""
        MyStudent.totalnum=MyStudent.totalnum+1

    def setStudentInfo(self,no1,name1,status1):
        self.stdno=no1
        self.stdname=name1
        self.__stdDiseaseStatus=status1

    def testCallObject1(self,str1):
        print("testCallObject1:str1=",str1)
        self.testCallObject2(str1)
```

```
        def testCallObject2(self,str1):
            print("testCallObject2:str1=",str1)

        def setClassInfo(idea1,no1):
            MyStudent.__classidea=idea1
            MyStudent.classno=no1

        def getClassIdea():
            return MyStudent.__classidea

        def getDiseaseStatus(self):
            return self.__stdDiseaseStatus

        @staticmethod
        def showTotal():
            MyStudent.__showTotalnum()

        @staticmethod
        def __showTotalnum():
            print("Totalnum",MyStudent.totalnum)

        @classmethod
        def showClassno1(cls):
            cls.__showClassno()

        @classmethod
        def __showClassno(cls):
            print("Classno",cls.classno)

    def main():
        print("class.__classidea=",MyStudent.getClassIdea())    # 访问私有类变量
        # MyStudent.__showTotalnum()
        # MyStudent.showTotal()

        MyStudent.showClassno1()
        # print("class.totalnum=",MyStudent.totalnum)            # 访问公共类变量
        # print("class.classno=",MyStudent.classno)              # 访问公共类变量

        MyStudent.setClassInfo("勤奋好学","201701")
        print("class.__classidea=",MyStudent.getClassIdea())     # 访问私有类变量
        print("class.totalnum=",MyStudent.totalnum)              # 访问公共类变量
        print("class.classno=",MyStudent.classno)                # 访问公共类变量

        obj1=MyStudent()
        obj1.testCallObject1("test")
        obj1.setStudentInfo("20170101","张三",{"高血压"})
        print("class.totalnum=",MyStudent.totalnum)              # 访问公共类变量
        print("object.stdno=",obj1.stdno)                        # 访问公共实例变量
        print("object.stdname=",obj1.stdname)                    # 访问公共实例变量
        print("object.__stdDiseaseStatus=",obj1.getDiseaseStatus())  # 访问私有实例变量

        obj2=MyStudent()
        # obj2.setStudentInfo("20170102","里斯",{"高血压","胃病"})
        MyStudent.setStudentInfo(obj2,"20170102","里斯",{"高血压","胃病"})
        print("class.totalnum=",MyStudent.totalnum)              # 访问公共类变量
        print("object.stdno=",obj2.stdno)                        # 访问公共实例变量
        print("object.stdname=",obj2.stdname)                    # 访问公共实例变量
        print("object.__stdDiseaseStatus=",obj2.getDiseaseStatus())  # 访问私有实例变量

    main()
```

输出结果为:

```
class.__classidea=勤奋
Classno 201700
class.__classidea=勤奋好学
class.totalnum=0
class.classno=201701
testCallObject1:str1=test
testCallObject2:str1=test
class.totalnum=1
object.stdno=20170101
object.stdname=张三
object.__stdDiseaseStatus={'高血压'}
class.totalnum=2
object.stdno=20170102
object.stdname=里斯
object.__stdDiseaseStatus={'高血压', '胃病'}
```

说明：

(1) 本实例中，showClassno1()和__showClassno1()为类方法(使用@classmethod)，showTotal()和__showTotalnum()为静态方法(使用@staticmethod)。getDiseaseStatus(self)和setStudentInfo(self,no1,name1,status1)为实例方法，而__init__(self)为构造方法。__showClassno1()和__showTotalnum()为私有方法。

(2) 实例方法既可以通过"对象名.方法()"的方式调用，也可以通过"类名.方法()"的方式调用。在后者情况下，必须显式地为self参数传递一个对象名。例如：

```
MyStudent.setStudentInfo(obj2,"20170102","里斯",{"高血压","胃病"})
```

(3) 静态方法和类方法只能访问类成员。

(4) 类中的方法之间可以相互调用，但需要注意实参和形参之间的对应关系。"对象名.方法()"或"self.方法()"的调用会自动将对象绑定到形参的第一个参数。在这种情况下，实参比形参少一个参数。

3. 构造方法

在类中，__init__()是一个特殊的方法，称为构造方法。当以类为基础创建对象时，构造方法会自动被调用，同时对象名会自动绑定到构造方法的第一个形参self。Python 通过调用构造方法来实现类的实例化。因此，构造方法是创建对象的基本途径。

在类的定义中，可以不显式定义构造方法__init__()，此时会使用一个只包含self参数的默认构造方法来创建对象。

除了在以类为基础创建对象时自动调用构造方法外，程序还可以通过"对象名.方法()"或"类名.方法()"的方式显式调用构造方法，这一点与Java语言有所不同。

下面举例说明。

【实例6-5】

```
# 程序名称: ppb6106.py
# 功能: 演示构造函数
# -*- coding: UTF-8 -*-

class MyClass:
    num=0
    def __init__(self):
        print("call __init__(self)")
        self.varx="123"
```

```
        MyClass.num=MyClass.num+1
        print("num=",MyClass.num)

def main():
    obj1=MyClass()                              # L1
    obj2=MyClass()                              # L2
    obj3=MyClass()                              # L3
    print(type(obj1))                           # L4
    print(type(MyClass))                        # L5
    obj1.__init__()                             # L6
    print("obj1.varx=",obj1.varx)               # L7
    # print("MyClass.varx=",MyClass.varx)       # L8
    MyClass.__init__(MyClass)                   # L9
    print("obj1.varx=",obj1.varx)               # L10
    print("MyClass.varx=",MyClass.varx)         # L11

main()
```

输出结果为：

```
call __init__(self)
num=1
call __init__(self)
num=2
call __init__(self)
num=3
<class '__main__.MyClass'>
<class 'type'>
call __init__(self)
num=4
obj1.varx=123
call __init__(self)
num=5
obj1.varx=123
MyClass.varx=123
```

说明：

(1) 上述代码在#L1、#L2和#L3处创建了三个对象，每次创建都会自动调用构造方法__init__()。

(2) 在#L4和#L5中进行类型验证，<class 'type'>表示一种class类型，而<class '__main__.MyClass'>则表示类MyClass的一个实例。

(3) 在#L6处，对象obj1调用构造方法__init__()，并且obj1有成员变量obj1.varx，因此在#L7处访问是允许的。然而，此时类MyClass还有成员MyClass.varx，因此#L7处访问将不被允许。

(4) 在#L9处，类MyClass调用构造方法__init__()，类MyClass增加了成员变量MyClass.varx，因此#L11处访问是不允许的。而#L10处访问的是对象obj1的成员变量obj1.varx。#L11处则尝试访问的类MyClass的成员变量MyClass.varx。

4. 析构方法

在实例方法中，还有一个特别的方法：__del__()，这个方法被称为析构方法。析构方法用于释放内存空间。当使用del删除对象时，会调用它本身的析构方法。此外，当对象在某个作用域中调用完毕时，析构方法也会被调用一次，以释放内存空间。

__del__()方法是可选的，如果不提供，Python将在后台提供一个默认的析构方法。如果需要显式调用析构方法，可以使用del关键字，方法如下：

```
del 对象名
```

下面举例说明。

【实例6-6】

```python
# 程序名称：ppb6107.py
# 功能：演示析构函数
# -*- coding: UTF-8 -*-

class MyClass:
    num=0
    def __init__(self):
        print("call __init__(self)")
        MyClass.num=MyClass.num+1
        print("num=",MyClass.num)

    def __del__(self):
        print("call __del__(self)")
        if MyClass.num>0 :MyClass.num=MyClass.num-1
        print("num=",MyClass.num)

def main():
    obj1=MyClass()
    obj2=MyClass()
    obj3=MyClass()
    del obj1
    del obj2
    del obj3

main()
```

输出结果为：

```
call __init__(self)
num=1
call __init__(self)
num=2
call __init__(self)
num=3
call __del__(self)
num=2
call __del__(self)
num=1
call __del__(self)
num=0
```

6.1.4 成员增加与删除

Python 是一门动态语言，类中的成员可以动态增加或删除。程序可以根据需要，通过"类.成员=值"或"对象名.成员=值"的赋值方式动态增加成员。同时，可以使用"del 类.成员"或"del 对象名.成员"的形式动态删除成员。

1. 增加和删除成员变量

1) 增加成员变量

增加成员变量的格式如下：

类名.成员变量=值

或

对象名.成员变量=值

或

```
self.成员变量=值
```

例如：

```
MyStudent.classidea="勤奋好学"
```

这行代码为类MyStudent增加了一个名为classidea的成员变量，其值为"勤奋好学"。

又如：

```
self.stdname="张三"
```

这行代码为当前实例(self对应的对象)增加了一个名为stdname的成员变量，其值为"张三"。

2) 删除成员变量

删除成员变量的格式如下：

```
del 类名.成员变量
```

或

```
del 对象名.成员变量
```

或

```
del self.成员变量
```

例如：

```
del self.stdname  # L1
```

这行代码删除了self对应对象的成员变量stdname。

2. 增加和删除成员方法

首先定义一个方法。例如：

```
def funObject1(self,str1):
    print("Object=", self," 方法=",str1)
```

然后，将方法绑定到类或对象，例如：

```
# 动态绑定方法到对象
obj.funObj1=funObject1
```

最后，调用方法。例如：

```
obj.funObj1(obj,"funObj1")
```

由于外部调用绑定的方法时，Python不会自动将调用者绑定为第一个参数，因此程序需要手动将调用者绑定为第一个参数。

下面举例说明。

【实例6-7】

```
# 程序名称：ppb6108.py
# 功能：类的变量和方法增加、删除
# -*- coding: UTF-8 -*-
class MyStudent:     # 自定义类
    classno="201701"
    def __init__(self,stdname="",stdno="",sex=""):
        self.stdname=stdname
        self.stdno=stdno
        self.sex=sex

    def printInfo(self):
```

```
            print("stdname=",self.stdname)
            print("stdno=",self.stdno)
            print("sex=",self.sex)

        def setInfo(self,stdname,stdno,sex):
            self.stdname=stdname
            self.stdno=stdno
            self.sex=sex

        def testDel(self):
            print("删除前stdname=",self.stdname)
            del self.stdname                                    # L1
            # print("删除后stdname=",self.stdname)               # L2删除后，在访问就会错误
            self.stdname="珊珊"                                  # L3
            print("删除后又增加后stdname=",self.stdname)          # 增加后，能访问

        def showClassIdea():
            print("MyStudent.classidea=",MyStudent.classidea)

        def callFunCls1(str1):
            MyStudent.funCls1(str1)

def main():
    # 增加或删除变量
    obj=MyStudent()                                             # L4
    obj.printInfo()                                            # L5
    obj.setInfo("张三","1701","女")
    obj.printInfo()
    # del obj.stdname
    # obj.printInfo()
    # obj.setInfo("张三","1701","女")
    # obj.printInfo()
    obj.testDel()
    # MyStudent.showClassIdea()                                # L6调用出错，因为classidea没定义
    MyStudent.classidea="勤奋好学"                              # L7
    MyStudent.showClassIdea()                                  # L8调用正确，增加了classidea

    # 增加实例方法
    def funObject1(self,str1):
        print("Object=", self,"  方法=",str1)
    # 动态绑定方法到对象
    obj.funObj1=funObject1                                     # L9
    # 调用绑定方法
    # Python不会自动将调用者绑定到第一个参数
    # 因此程序需要手动将调用者绑定为第一个参数
    obj.funObj1(obj,"funObj1")                                 # L10

    # 增加非实例方法
    def funClass1(str1):
        print("方法=",str1)
    # 动态绑定方法到类
    MyStudent.funCls1("未绑定前调用funCls1")                    # L11
    MyStudent.funCls1=funClass1                                # L12
    # 调用绑定方法
    MyStudent.funCls1("类外调用MyStudent.funCls1")             # L13
    MyStudent.callFunCls1("类内调用MyStudent.funCls1")         # L14

main()
```

说明：

(1) Python 是一门动态语言，类中的成员可以动态地增加或删除。因此，在未定义、未增加或删除后，访问类中的成员是不可行的。

在本实例中，#L4创建对象时自动调用构造方法__init__( )，从而增加了三个属于该对象的成员变量。因此，在#L5处调用printInfo(self)是允许的。如果在#L6处调用MyStudent.showClassIdea( )将会出错，因为类的成员变量classidea尚未定义或增加。到#L7处时，给类增加了一个成员变量classidea，因此#L8处的调用是有效的。

#L11调用时也会出现问题，因为类外定义的方法funClass1尚未绑定到类中。在#L12处，将方法funClass1绑定到类MyStudent，从而为类增加成员方法funCls1。这样，在类外(L13)和类内(#L14)都可以成功调用funCls1方法。

(2) 在#L9处，当在类外部为对象绑定方法时，Python不会自动将调用者绑定为第一个参数。因此程序需要手动将调用者绑定为第一个参数，例如在#L10处的调用：obj.funObj1(obj,"funObj1")。

(3) 当使用del方法删除成员后，该成员将无法访问。但之后可以重新增加该成员，增加后成员又可以访问。例如，在#L1处删除staname，在#L2处访问会出错；而在#L3处重新增加staname后，随后的访问将是有效的。

6.2 继承

6.2.1 继承的含义

类之间的继承关系反映了类之间的内在联系，以及对属性和方法的共享。子类可以继承父类(被继承类)的某些特征，同时也可以拥有自己的独立属性和方法。例如，飞机、汽车和火车都属于交通工具类，其中汽车类继承了交通工具类的部分属性和方法，同时也具备自己独立的属性和操作。

因此，在Python中，继承实际上是一种基于现有类创建新类的机制，是实现软件代码复用的一种形式。通过继承，首先可以创建一个包含共有属性和方法的一般类(父类或超类)，然后基于该一般类再创建具有特殊属性和方法的新类(子类)，新类不仅继承一般类的状态和方法，还可以根据需要增加自己的新状态和行为。

父类可以是用户自定义的类，也可以是Python标准库中的类。如果子类仅从一个父类继承，这种情况称为单继承；而如果子类从一个以上父类继承，则称为多继承。Python支持多重继承。

在Python中，子类继承父类的语法格式如下：

```
class Subclass(SuperClass1,SuperClass2,...)
    # 类定义部分
    pass
```

其中，Subclass是子类的名称，SuperClass1、SuperClass2等是父类的名称。括号中父类的顺序会影响子类对父类方法的继承。如果父类中有方法名和形参结构相同的方法，而在子类中未指定调用哪个父类的方法，Python将从左到右进行搜索。当在子类中未找到该方法时，Python会依次查找父类，直到找到相应的方法。

下面举例说明。

【实例6-8】

```
# 程序名称: ppb6201.py
# 功能: 演示类的继承关系
```

```
# -*- coding: UTF-8 -*-

class Researcher:
    def research(self,projecter):
        print("researching......",projecter)
    def do(self):
        print("do thing about research each day! ")

class Person:
    def __init__(self,height,weight):
        self.height=height;
        self.weight=weight;
    def setvalue(self,height,weight):
        self.height=height;
        self.weight=weight;
    def speak(self):
        print("speaking......")
    def do(self):
        print("do something each day! ")

class Teacher(Person,Researcher):
    def teach(self,course):
        print("teaching......",course)

def main():
        teacher=Teacher(170,66)
        teacher.speak()
        teacher.research("Python")
        teacher.teach("DataStructure")
        print("teacher.height=",teacher.height)
        print("teacher.weight=",teacher.weight)
        teacher.setvalue(180,90)
        print("teacher.height=",teacher.height)
        print("teacher.weight=",teacher.weight)
        teacher.do()               # L1
        Researcher.do(teacher)  # L2

main()
```

输出结果为:

```
speaking......
researching...... Python
teaching...... DataStructure
teacher.height=170
teacher.weight=66
teacher.height=180
teacher.weight=90
do something each day!
do thing about research each day!
```

说明:

(1) 在本实例中,类Teacher继承了类Person和类Researcher,因此它相应地获得了这两个类的成员方法和成员变量。因此,以类Teacher为基础创建的对象teacher可以访问方法teacher.speak()、teacher.research("Python")以及成员变量teacher.height和teacher.weight,即使在类Teacher中并没有显式定义这些成员。

(2) 除了继承父类的成员方法和成员变量外,类Teacher还增加了属于自己的teach()方法。

(3) 在#L1处,对象teacher调用了一个未显式定义的自身方法do()。此时,Python会依次从左向右在父类中查找,尽管类Person和类Researcher均有do()方法,但由于在继承的父类次序上,类Person

在类Researcher的左侧，因此teacher.do()调用的是类Person的do()方法，输出结果为"do something each day!"。在这种情况下，如果想调用类Researcher的do()，可以采用"类名.方法()"方式调用，如#L2所示。需要注意的是，在这种调用方式中，不会自动将对象作为第一个参数传递给被调用的方法，因此必须显式地将对象名或类名传入self参数。

6.2.2　方法的覆盖

方法的覆盖发生在父类和子类之间，如果子类中定义的方法名称与父类中某个方法的名称相同，那么子类中的这个方法将覆盖父类中对应的方法。

【实例6-9】

```python
# 程序名称：ppb6202.py
# 功能：演示类的继承关系：覆盖
# -*- coding: UTF-8 -*-

class Researcher:
    def research(self,projecter):
        print("researching......",projecter)

    def do(self):
        print("do thing about research each day! ")

    def publish(self,str1):
        self.author=str1
        print("Researcher发表内容: ",str1)

class Person:
    def __init__(self,height,weight):
        self.height=height;
        self.weight=weight;

    def setvalue(self,height,weight):
        self.height=height;
        self.weight=weight;

    def speak(self):
        print("speaking......")

    def do(self):
        print("do something each day! ")

class Teacher(Person,Researcher):
    def teach(self,course):
        print("teaching......",course)

    def do(self):
        print("do teaching each day! ")

    def publish(self):
        print("Teacher发表内容为教学成果！！！")

def main():
    teacher=Teacher(170,66)
    teacher.do()                  # L1
    Researcher.do(teacher)        # L2
    Person.do(teacher)            # L3
```

```
    teacher.publish()                                    # L4
    # teacher.publish("项目或系统")                        # L5
    # Researcher.publish(teacher,"项目或系统1")            # L5
    # print("Teacher.author=",Teacher.author)
    Researcher.publish(Teacher,"项目或系统2")             # L6
    print("Teacher.author=",Teacher.author)
    # teacher1=Teacher(170,66)
    print("teacher.author=",teacher.author)

main()
```

输出结果为：

```
do teaching each day!
do thing about research each day!
do something each day!
Teacher发表内容为教学成果！！！
Researcher发表内容：项目或系统
Researcher发表内容：项目或系统
```

说明：

(1) 在类Teacher中定义了方法do( )，其名称和形参结构与父类Person和Researcher中的方法 do( )相同，因此该方法覆盖了父类的方法。此外，类Teacher中还定义了方法publish( )，该方法 名称与父类Researcher中的publish( )方法相同，因此也覆盖了父类的方法。

(2) 子类对象如果要调用被覆盖方法，可以采用"类名.方法( )"的方式进行调用，如#L2、 #L3、#L5和#L6所示。需要注意的是，在这种调用方式中，不会自动将对象作为第一个参数传 递给被调用的方法，因此必须显式地将类名(如#L6中的Teacher)或对象名(如#L6中的teacher)传入 self参数。

6.2.3　super关键字

Python的子类会继承父类的构造方法，同时子类也可以定义构造方法以覆盖父类的构造方 法。在子类的构造方法中，可以通过super( )调用被覆盖的父类构造方法。

如果子类有多个直接父类，那么排在前面的父类的构造方法将优先被使用。

【实例6-10】

```
# 程序名称：ppb6203.py
# 功能：演示构造方法的继承
# -*- coding: UTF-8 -*-

class Researcher:
    def __init__(self,jobtitle="工程师"):
        self.jobtitle=jobtitle

    def setJobtitle(self,jobtitle):
        self.jobtitle=jobtitle

    def research(self,projecter):
        print("researching......",projecter)

    def do(self):
        print("do thing about research each day! ")

    def publish(self,str1):
```

```
            print("Researcher发表内容: ",str1)

    class Person:
        def __init__(self,height=0,weight=0):
            self.height=height
            self.weight=weight

        def setvalue(self,height,weight):
            self.height=height
            self.weight=weight

        def speak(self):
            print("speaking......")

        def do(self):
            print("do something each day! ")

    class Teacher(Person,Researcher):
        def teach(self,course):
            print("teaching......",course)

        def do(self):
            print("do teaching each day! ")

        def publish(self):
            print("Teacher发表内容为教学成果！！！")

    def main():
        teacher=Teacher()                              # L1
        print("teacher.height=",teacher.height)        # L2
        print("teacher.weight=",teacher.weight)        # L3
        teacher.setvalue(180,90)
        print("teacher.height=",teacher.height)
        print("teacher.weight=",teacher.weight)

        # print("teacher.jobtitle=",teacher.jobtitle)  # L4
        teacher.setJobtitle("高工")                     # L5
        print("teacher.jobtitle=",teacher.jobtitle)    # L6

    main()
```

输出结果为:

```
teacher.height=0
teacher.weight=0
teacher.height=180
teacher.weight=90
teacher.jobtitle=高工
```

说明:

(1) 类Teacher优先继承父类Person的构造方法__init__()，而不继承父类Researcher的构造方法__init__()。因此，在#L1处创建对象时，将调用父类Person的构造方法__init__()进行实例化，从而增加了成员变量height和weight，因此在#L2和#L3中访问这些成员是允许的。

(2) 由于不继承父类Researcher的构造方法__init__()，在#L1处创建对象时，并未调用父类Researcher的构造方法__init__()进行实例化。因此，在#L4处之前，teacher对象没有成员变量jobtile，所以在#L4处访问是不允许的。#L5处的语句为teacher增加了成员jobtile，因此在#L6处访问是允许的。

Python的子类可以定义构造方法来覆盖父类的构造方法。在子类的构造方法中，可以通过super()来调用被覆盖的父类方法，而排在前面的父类构造方法将优先被使用。当然，也可以通过"类名.方法()"的方式来调用父类中被覆盖的方法，此时需要显式地为第一个参数self传递值。

【实例6-11】

```python
# 程序名称：ppb6204.py
# 功能：演示调用父类的构造方法的继承
# ! /usr/bin/python
# -*- coding: UTF-8 -*-

class Researcher:
    def __init__(self,jobtitle="工程师"):
        self.jobtitle=jobtitle

    def setJobtitle(self,jobtitle):
        self.jobtitle=jobtitle

    def research(self,projecter):
        print("researching......",projecter)

    def do(self):
        print("do thing about research each day! ")

    def publish(self,str1):
        print("Researcher发表内容: ",str1)

class Person:
    def __init__(self,height=0,weight=0):
        self.height=height
        self.weight=weight

    def setvalue(self,height,weight):
        self.height=height
        self.weight=weight

    def speak(self):
        print("speaking......")

    def do(self):
        print("do something each day! ")

class Teacher(Person,Researcher):
    def __init__(self,teacherno="2005000"):
        self.teacherno=teacherno
        # 通过super()函数调用父类的构造方法
        super().__init__()                   # L1：调用父类优先的构造方法
        # 使用未绑定方法调用父类的构造方法
        Researcher.__init__(self)            # L2：调用父类非优先的构造方法

    def teach(self,course):
        print("teaching......",course)

    def do(self):
        print("do teaching each day! ")

    def publish(self):
        print("Teacher发表内容为教学成果！！！")

def main():
    teacher=Teacher()                        # L3
```

```
    print("teacher.height=",teacher.height)     # L4
    print("teacher.weight=",teacher.weight)     # L5
    teacher.setvalue(180,90)                     # L6
    print("teacher.height=",teacher.height)     # L7
    print("teacher.weight=",teacher.weight)     # L8
    print("teacher.jobtitle=",teacher.jobtitle) # L9

main()
```

输出结果为：

```
teacher.height=0
teacher.weight=0
teacher.height=180
teacher.weight=90
teacher.jobtitle=工程师
```

说明：

类Teacher的构造方法__init__()覆盖了父类的构造方法。在该构造方法中，可以通过super().__init__()调用优先的父类构造方法。此外，还可以采用"类名.方法()"的方式调用非优先的父类构造方法，例如，Researcher.__init__(self)。

6.2.4 抽象类

抽象类是一种特殊的类，它只能被继承，而不能被实例化。抽象类中可以包含抽象方法和普通方法。子类在继承抽象类时，必须实现父类中定义的所有抽象方法。

1. 定义抽象类

定义抽象类需要导入abc模块。可以使用以下两种方式之一：

```
import abc
```

或

```
from abc import ABCMeta, abstractmethod
```

例如，定义一个名为Peoples的抽象类的格式如下：

```
import abc # 利用abc模块实现抽象类
class Peoples(metaclass=abc.ABCMeta):
    pass
```

或

```
class Peoples:
metaclass=abc.ABCMeta
pass
```

2. 定义抽象方法

抽象方法是指只定义方法的签名，而不提供具体的实现。在定义抽象方法时，需要在方法前加上@abstractmethod装饰器。由于抽象方法不包含任何可实现的代码，其函数体通常使用pass。

例如：

```
@abc.abstractmethod # 定义抽象方法，无须实现功能
def speak(self):
    '子类必定定义读功能'
    pass
```

3. 子类实现抽象方法

例如，抽象类Peoples的子类Chinese实现了抽象方法speak。示例如下：

```
class Chinese(Peoples):
    def speak(self):
        print('中国人用中文交流！！！')
```

下面举例说明。

【实例6-12】

```
# 程序名称：ppb6205.py
# 功能：抽象方法
# -*- coding: UTF-8 -*-

import abc                          # 利用abc模块实现抽象类
class Peoples(metaclass=abc.ABCMeta):
    @abc.abstractmethod             # 定义抽象方法，无须实现功能
    def speak(self):
        '子类必须定义读功能'
        pass

    @abc.abstractmethod             # 定义抽象方法，无须实现功能
    def eat(self):
        '子类必须定义写功能'
        pass

# 子类继承抽象类，但是必须定义read和write方法
class Chinese(Peoples):
    def speak(self):
        print('中国人用中文交流！！！')

    def eat(self):
        print('中国人吃饭用筷子！！！')

class American(Peoples):
    def speak(self):
        print('美国人用英文交流！！！')

    def eat(self):
        print('美国人吃饭用刀叉！！！')

class Janpanese(Peoples):
    def speak(self):
        print('日本人用日语交流！！！')

    def eat(self):
        print('日本人吃饭用刀叉或筷子！！！')

def main():
    chinese=Chinese()
    american=American()
    janpanese=Janpanese()
    chinese.speak()
    chinese.eat()
    american.speak()
    american.eat()
    janpanese.speak()
    janpanese.eat()

main()
```

输出结果为：

中国人用中文交流！！！
中国人吃饭用筷子！！！
美国人用英文交流！！！
美国人吃饭用刀叉！！！
日本人用日语交流！！！
日本人吃饭用刀叉或筷子！！！

6.3 综合应用

【实例6-13】

本例将定义一个二维向量，表示形式为<a,b>，其中a、b为向量的属性。我们将实现以下主要操作。

- 向量相加：<a,b>+<c,d>=<a+c,b+d>
- 向量相减：<a,b>-<c,d>=<a-c,b-d>
- 向量内积：<a,b>×<c,d>=a×c+b×d

接下来，将使用Python来自定义向量类，并演示其使用方法。

```python
# 程序名称：ppb6301.py
# 功能：演示自定义类及其如何使用
# -*- coding: UTF-8 -*-

class MyVector:
    def __init__(self,x,y):
        self.x=x
        self.y=y

    def setVector(self,x,y):
        self.x=x
        self.y=y

    # 向量相加<a,b>+<c,d>=<a+c,b+d>
    def addVector(self,v1,v2):
        self.x=v1.x+v2.x
        self.y=v1.y+v2.y

    # 向量相减<a,b>-<c,d>=<a-c,b-d>
    def minusVector(self,v1,v2):
        self.x=v1.x-v2.x
        self.y=v1.y-v2.y

    # 向量内积<a,b>•<c,d>=a×c+b×d
    def multVector(v1):
        return self.x*v1.x+self.y*v1.y

    def showVector(self,str1):
        print(str1,"=<",self.x,",",self.y,">")

def main():
    vect1=MyVector(1,2)
    vect2=MyVector(3,4)
    vect3=MyVector(5,6)
    vect1.showVector("vect1")
    vect2.showVector("vect2")
    vect3.addVector(vect1,vect2)
```

```
vect3.showVector("vect3")
vect3.minusVector(vect1,vect2)
vect3.showVector("vect3")
```

```
main()
```

输出结果为：

```
vect1=<1,2>
vect2=<3,4>
vect3=<4,6>
vect3=<-2,-2>
```

6.4　本章小结

本章内容涵盖了类的定义与创建、类中成员变量和方法的分类及其使用、对象的概念、创建方式及引用方法。同时，详细阐述了类的成员变量与方法和对象的成员变量与方法之间的区别，以及继承的含义及其应用。

6.5　思考和练习

1. 简述类中成员变量的分类及其差异，并通过编程进行说明。
2. 简述类中方法的分类及其差异，并通过编程进行说明。
3. 简述构造方法的含义，并通过编程说明其应用。
4. 简述析构方法的含义，并通过编程说明其应用。
5. 简述继承的含义，并通过编程进行说明。
6. 编程演示成员的增加与删除。
7. 编程演示super关键字的作用。
8. 简述抽象类的含义，并通过编程说明抽象类的应用。

## 第 7 章

Python 异常处理机制

对于计算机程序而言，错误和异常是不可避免的。一个优秀的程序不仅应能实现特定功能，具备良好的可读性和可操作性，更应具备良好的健壮性，即具备较强的容错能力。Python提供了丰富的出错与异常处理机制，本章将对这些内容进行详细介绍。

本章学习目标：
- 理解异常的含义
- 理解异常处理机制，并掌握抛出异常的方法
- 理解并掌握自定义异常的使用

7.1 异常的含义及分类

1. 异常的含义

异常是指程序运行时可能出现的错误情况，例如尝试导入一个不存在的模块、数组元素引用时下标越界，或在除法运算中被零除等。例如：

```
>>>import nonemodule
Traceback (most recent call last):
  File "<stdin>", line 1, in <module>
ModuleNotFoundError: No module named ' nonemodule '
```

在上述示例中，由于尝试导入一个根本不存在的模块nonemodule，因此程序抛出了错误。

2. 异常的分类

在Python中，所有的异常都是BaseException的实例。图7-1展示了异常类型的层次结构。

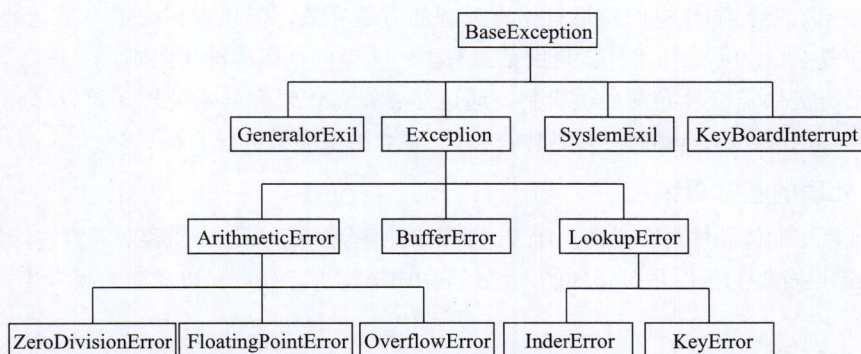

图 7-1　异常类型层次结构

常见的异常类型详见表7-1。

表7-1　常见异常类型

异常类型	描述
ArithmeticError	所有数值计算错误的基类
AttributeError	试图访问一个对象没有的属性，比如foo.x，但是foo没有属性x
IOError	输入/输出异常；通常是无法打开文件
ImportError	无法引入模块或包；通常是路径问题或名称错误
IndentationError	语法错误的子类；代码未正确对齐
IndexError	下标索引超出序列边界，例如当x只有三个元素，试图访问x[5]
KeyError	试图访问字典中不存在的键
KeyboardInterrupt	当按下Ctrl+C时触发
NameError	使用一个尚未被赋予对象的变量
SyntaxError	Python代码非法，无法编译(通常是语法错误)
TypeError	传入对象类型与要求的不符
UnboundLocalError	试图访问一个尚未被设置的局部变量，通常是由于存在同名的全局变量
ValueError	传入一个调用者不期望的值，即使其类型正确

7.2　异常处理

7.2.1　异常处理的含义及必要性

1. 异常处理的定义

异常处理是指用户程序以预定的方式响应运行错误和异常的能力。通过异常处理，程序的控制流程可以被改变，从而提供机会对错误进行适当处理。其基本方式是：当一个方法引发异常时，该异常将被抛出，由该方法的直接或间接调用者来处理。

2. 异常处理的必要性

在程序开发过程中，通常使用返回值来进行错误处理。在编写一个方法时，可以返回一个状态代码，调用者根据该状态代码判断是否出错，并据此进行相应的处理，例如显示错误页面或提示错误信息。虽然通过返回值进行错误处理的方法有效，但也存在许多不足之处，主要表现为：①程序复杂；②可靠性差；③返回信息有限；④返回代码标准化困难。

Python语言提供了一种异常处理机制。通过结合错误代码和异常处理，可以将错误代码与常规代码分开，同时在except块中传播错误信息，并对错误类型进行分组。

3. 异常处理的基本思路

为了保证程序的健壮性与容错性，即在遇到错误时程序不会崩溃，需要对异常进行处理。

(1) 如果错误发生的条件是可预知的，可以利用if语句进行处理，以预防错误发生。例如：

```
age=10
while True:
    age=input('请输入你的年龄:').strip()
    if age.isdigit(): # 只有在age为字符串形式的整数时,下列代码才不会出错,该条件是可预知的
        age=int(age)
    else:
        print('你输入的信息不合法,请重新输入')
```

(2) 如果错误发生的条件是不可预知的，则需要用到try…except语句。在错误发生后，程序将进入except块进行处理。

7.2.2 try…except异常处理的基本结构

1. 异常处理语句

异常处理语句包括try、except、else、finally 和 raise。下面将逐一介绍这些语句的作用。

2. 异常处理的基本结构

try…except结构是异常处理的基本形式。在这个结构中，可能引发异常的语句封装在try块中，而处理异常的相应语句则封装在except块中。基本格式如下：

```
try:
    尝试执行某个操作,
    如果没出现异常,任务将完成
    如果出现异常,将异常从当前代码块抛出以尝试解决异常

except 异常类型1:
    处理异常类型1

except 异常类型2:
    处理异常类型2
……
except (异常类型1,异常类型2,...)
    针对多个异常使用相同的处理方式

except:
    所有异常的解决方案

else:
    如果没有出现任何异常,将执行此处代码

finally:
    不管有没有异常,都要执行的代码
```

try…except结构处理异常的工作原理如下。

首先，执行try子句(即try和except关键字之间的语句)。如果在执行try子句时发生异常，则跳过该子句中剩下的部分，并将异常的类型和except关键字后面列出的异常进行匹配。如果找到匹

配的异常类型，则执行对应的except子句进行异常处理。处理完成后，程序将继续执行try子句之后的代码(除非在处理异常时又引发新的异常)。如果没找到匹配的异常，异常将被递交到上层的try块，或者直接递交到程序的最上层，这将导致程序结束，并打印默认的出错信息。

如果在执行try子句时没有发生异常，则将执行else语句中的内容。

最后，不管是否出现异常，都要执行finally语句。

❖ **提示：**

(1) 除了except(至少需要一个)以外，else和finally均为可选项。

(2) 一个 try语句可以有多个except 子句，以指定不同的异常处理程序。最多只会执行一个处理程序。该处理程序仅处理在相应的try子句中发生的异常，而不会处理同一try语句内其他处理程序中的异常。一个 except 子句可以将多个异常列为一个带括号的元组，例如：

```
except (RuntimeError, TypeError, NameError):
    pass
```

(3) 如果发生的异常和except子句中的类相同，或者是该类的基类，则它们是兼容的(但反过来则不成立——列出派生类的except 子句与基类是兼容的)。

(4) try…except 语句可以包含一个可选的else子句，在使用时必须放在所有的except子句之后。else子句对于在try 子句不引发异常时必须执行的代码来说很有用。

(5) 使用不带任何异常类型的except子句将捕获所有发生的异常。然而，这并不是一个很好的方式，因为这样无法通过该程序识别出具体的异常信息。

(6) 使用带有多种异常类型的except子句，可以使用相同的except语句来处理多个异常信息。

(7) 使用as关键字可以获取异常参数。格式如下：

```
except 异常类型 as e:
    print(e)
    pass
```

(8) 无论是否出现异常，finally语句都会被执行。通常，finally语句用于包含清理操作，例如关闭文件(fp.close( ))。

下面举例说明。

【实例7-1】

```
# 程序名称：ppb7201.py
# 功能：异常举例
# -*- coding: UTF-8 -*-
import sys
class Teacher:
    def __init__(self,name1="",no1=""):
        self.teachername=name1
        self.teacherno=no1

    def teach(self,course):
        print("teaching......",course)

def main():
    try:
        list1=[1,2,3,4]
        import random
        i=random.randint(0,10)
        print("list1[",i,"]=",list1[i])          # L1
```

```
            a=random.randint(0,20)-10
            b=random.randint(0,20)-10
            c=a / b                         # L2
            print(a,"/",b,"=", c )
            teacher=Teacher()
            print("teacher.sex=",teacher.sex)      # L3

        except IndexError as e:
            print("异常==",e)
        except AttributeError as e:
            print("异常==",e)
        except ZeroDivisionError as e:
            print("异常==",e)
        except Exception as e :
            print("异常==",e)
        except:
            print("There exists Exception!！！")
        else:
            print("No Exception!！！")
        finally:
            print("Test Exception!！！")
        print("处理其他事情!！！")

main()
```

输出结果为：

某次运行的结果：
```
list1[ 1 ]=2
异常==division by zero
Test Exception!！！
处理其他事情!！！
```

某次运行的结果：
```
异常==list index out of range
Test Exception!！！
处理其他事情!！！
```

某次运行的结果：
```
list1[ 3 ]=4
7/-9=-0.7777777777777778
异常=='Teacher' object has no attribute 'sex'
Test Exception!！！
处理其他事情!！！
```

说明：

(1) i和b的值是通过随机数生成的，因此在一次运行中，索引下标i可能会越界，也可能不会越界，而b可能为0，也可能为非0。

(2) 在Teacher类中没有定义(或添加)属性sex，因此在#L3处进行访问sex属性是不允许的。

(3) 由于i和b的值是随机生成的，因此每次发生的异常类型也可能不同。这就是为什么每次运行的结果可能会有所变化的原因。

7.2.3　多try…except异常处理

在一个程序中，可能存在多个地方需要进行异常处理。在这种情况下，需要在每个可能出现异常的地方分别使用try…except语句来进行异常处理。下面举例说明。

【实例7-2】

```python
# 程序名称：ppb7202.py
# 功能：多try异常举例
# -*- coding: UTF-8 -*-
import sys
class Teacher:
    def __init__(self,name1="",no1=""):
        self.teachername=name1
        self.teacherno=no1

    def teach(self,course):
        print("teaching......",course)

def main():
    try:
        print("处理可能引起的异常语句1.......")
        list1=[1,2,3,4]
        import random
        i=random.randint(0,10)
        print("list1[",i,"]=",list1[i])         # L1
        a=random.randint(0,20)-10
        b=random.randint(0,20)-10
        c=a / b                                  # L2
        print(a,"/",b,"=", c )
        teacher=Teacher()
        print("teacher.sex=",teacher.sex)        # L3

    except IndexError as e:
        print("异常==",e)
    except AttributeError as e:
        print("异常==",e)
    except ZeroDivisionError as e:
        print("异常==",e)
    except Exception as e :
        print("异常==",e)
    except:
        print("There exists Exception！！！")
    else:
        print("No Exception！！！")
    finally:
        print("Test Exception！！！")

    print("执行完部分语句，又遇到一些可能引起异常的语句")

    try:
        print("处理可能引起的异常语句1.......")
        for i in 10:                             # TypeError：int类型不可迭代
            print("i=",i)
        num=input("输入数字： ")                  # 输入hello
        int(num)                                 # ValueError：传入一个调用者不期望的值
        dic={'name':'egon'}
        dic['age']                               # KeyError：试图访问字典里不存在的键

    except TypeError as e:
        print("异常==",e)
    except ValueError as e:
        print("异常==",e)
    except KeyError as e:
        print("异常==",e)
    except Exception as e :
        print("异常==",e)
    except:
```

```
        print("There exists Exception!！！")
    else:
        print("No Exception!！！")
    finally:
        print("Test Exception!！！")

    print("处理其他语句......")
main()
```

说明：

在本实例中，一旦遇到可能引起异常的语句，就会使用try…except结构进行异常处理。

7.2.4 raise抛出异常

raise 语句允许程序员主动引发指定的异常。其语法格式如下：

```
raise [Exception [(args)]]
```

其中，Exception是异常类型，可以是内置异常，如IndexError、KeyError等，也可以是自定义异常。args是异常参数值，该参数是可选的。如果不提供，异常的参数将默认为None。

raise语句有以下三种常用的用法。

○ 单独使用raise语句：该语句会引发当前上下文中捕获的异常(例如，在except块中)，或者默认引发 RuntimeError 异常。

○ raise后跟异常类：在raise后跟一个异常类。该语句会引发指定异常类的默认实例。

○ raise后跟异常对象：引发指定的异常对象。

上述三种用法最终都会引发一个异常实例(即使指定的是异常类，实际上也是引发该类的默认实例)。需要注意的是，raise语句每次只能引发一个异常实例。

【实例7-3】

```
# 程序名称：ppb7203.py
# 功能：raise异常举例
# -*- coding: UTF-8 -*-
import sys
import random
class Teacher:
    def __init__(self,name1="",no1=""):
        self.teachername=name1
        self.teacherno=no1

    def teach(self,course):
        print("teaching......",course)

def main():
    try:
        i=random.randint(0,6)
        if i==1: raise IndexError("IndexError")
        elif i==2: raise AttributeError("AttributeError")
        elif i==3: raise ZeroDivisionError("ZeroDivisionError")
        elif i==4: raise Exception("Exception")
        else: print("不抛出异常!！！")
    except IndexError as e:
        print("异常为: ",e)
    except AttributeError as e:
        print("异常为: ",e)
```

```
    except ZeroDivisionError as e:
        print("异常为: ",e)
    except Exception as e:
        print("异常为: ",e)
    except:
        print("There exists Exception!！！")
    else:
        print("No Exception!！！")
    finally:
        print("Test Exception!！！")

    print("处理其他事情!！！")

main()
```

输出结果为:

```
异常为:   IndexError
Test Exception!！！
处理其他事情!！！

不抛出异常!！！
No Exception!！！
Test Exception!！！
处理其他事情!！！

异常为:   Exception
Test Exception!！！
处理其他事情!！！

异常为:   AttributeError
Test Exception!！！
处理其他事情!！！
```

说明:

在本实例中, i 的值是随机生成的, 根据 i 的不同值会抛出不同的异常。当使用 raise 语句抛出异常时, 例如 IndexError, 可以带上参数 "IndexError"。这样, 在 except IndexError as e 中, e 将具有具体的值, 因此在执行 print("异常为: ",e) 时, e 的值将不为空。

7.2.5 多次raise抛出异常

在一个程序中, 可以根据需要多次抛出异常。下面举例说明。

【实例7-4】

```
# 程序名称: ppb7204.py
# 功能: raise异常举例
# -*- coding: UTF-8 -*-
import sys
class Teacher:
    def __init__(self,name1="",no1=""):
        self.teachername=name1
        self.teacherno=no1

    def teach(self,course):
        print("teaching......",course)

def main():
    print("执行系列语句......")
```

```
    try:
        print("可能引起异常语句1......")
        raise IndexError(" IndexError")
    except IndexError as e:
        print("异常为：",e)
    except Exception as e:
        print("异常为：",e)
    except:
        print("There exists Exception！！")
    else:
        print("No Exception！！")
    finally:
        print("Test Exception！！")

    print("执行系列语句......")
    try:
        print("可能引起异常语句2......")
        raise AttributeError(" AttributeError")
    except AttributeError as e:
        print("异常为：",e)
    except Exception as e:
        print("异常为：",e)
    except:
        print("There exists Exception！！")
    else:
        print("No Exception！！")
    finally:
        print("Test Exception！！")

    print("执行系列语句......")
    try:
        print("可能引起异常语句2......")
        raise ZeroDivisionError(" ZeroDivisionError")
    except ZeroDivisionError as e:
        print("异常为：",e)
    except Exception as e:
        print("异常为：",e)
    except:
        print("There exists Exception！！")
    else:
        print("No Exception！！")
    finally:
        print("Test Exception！！")

    print("执行其他语句......")

main()
```

输出结果为：

```
执行系列语句......
可能引起异常语句1......
异常为：  IndexError
Test Exception！！
执行系列语句......
可能引起异常语句2......
异常为：  AttributeError
Test Exception！！
执行系列语句......
可能引起异常语句2......
异常为：  ZeroDivisionError
Test Exception！！
执行其他语句......
```

说明：

在本实例中，根据需要在三个不同的地方使用raise语句抛出异常。

7.2.6　自定义异常

程序可以通过创建新的异常类来自定义异常。异常通常应直接或间接地从 Exception 类派生。

自定义异常类可以执行任何与其他类相同的操作，但通常保持简单，主要提供许多个属性，以便处理程序能够提取有关错误的信息。在创建可能引发多种不同错误的模块时，通常的做法是为该模块定义一个基类异常，并为不同的错误条件创建具体的子类异常。

大多数异常的命名规则是以"Error"结尾，这与标准异常的命名方式类似。

要实现自定义异常类，可以通过继承Exception类或其子类来进行定义。对于自定义异常，必须显式使用throw语句来抛出，这种类型的异常不会自行生成。

用户定义的异常同样需要用try…except语句进行捕获和处理，但这些异常必须由用户通过raise语句显式地抛出。

【实例7-5】

```
# 程序名称: ppb7205.py
# 功能: 自定义异常
# -*- coding: UTF-8 -*-
class ScoreError(Exception):
    def __init__(self,score):
        self.score=score
    def __str__(self):
        return self.score

def inputScore():
    score=int(input("输入分数[0,100]: "))
    if score<=0 or score>100:
        raise ScoreError("分数错: 分数ying位于区间[0,100]！！！")    # raise会抛出一个异常

def main():
    try:
        inputScore()
    except ScoreError as e:
        print("异常==",e)
    except:
        print("There exists Exception！！！")
    else:
        print("No Exception。")
    finally:
        print("异常测试结束。")

main()
```

输出结果为：

```
输入分数[0,100]: 999
异常==分数错: 分数ying位于区间[0,100]！！！
异常测试结束。

输入分数[0,100]: 50
No Exception。
异常测试结束。
```

说明：

(1) 本实例自定义了异常ScoreError，用于检查百分制分数是否位于区间[0,100]内，当输入的分数大于100或小于0时，将通过raise语句抛出ScoreError异常，并由except子句进行异常处理。

(2) 自定义异常的使用方式和系统内置异常相同，但自定义异常需要通过raise语句显式地抛出。

7.3　综合应用

【实例7-6】

在企业运营中，确保产品出库数量不超过库存数量是基本的业务逻辑。如果出现产品出库数量大于产品库存数量的情况，这显然是一种异常，需要进行异常处理。

为了有效处理这种情况，下面自定义了一个异常类 myException。在出库方法(outStock)中，当产品出库数量大于产品库存数量时，将会触发异常。由于outStock方法可能会抛出异常，因此在方法声明中需要明确指出会抛出异常。

```python
# 程序名称：ppb7301.py
# 功能：自定义异常
# -*- coding: UTF-8 -*-
class StockError(Exception):
    # com=""            # 公司对象
    # amount=0.0        # 客户要购买产品数量
    def __init__(self,com,amount):
        self.com=com
        self.amount=amount

    def showExceptionMessage(self,com):
        str1="公司库存="+str(com.stocknum)+ "<"+"待购买石油="+str(self.amount)
        return str1

class Company:
    # stocknum=0.0       # 库存石油数
    def __init__(self,stocknum):
        self.stocknum=stocknum
    # 产品入库
    def inStock(self,amount):
        if(amount>0.0):
            self.stocknum=self.stocknum+amount

    # 产品出库
    def outStock(self,amount):
        if (self.stocknum<amount):
            raise StockError(self, amount)
        self.stocknum=self.stocknum-amount
        print("出库成功！！！")

    def showStock(self):
        print("公司库存总量="+self.stocknum)

def main():
    try:
        com=Company(10)
        com.inStock(100)
        print("第1次购买")
        com.outStock(100)
        com.inStock(50)
```

```
        print("第2次购买")
        com.outStock(80)
    except StockError as e:
        print("异常: ",e.showExceptionMessage(com))

main()
```

7.4　内置异常

Python的内置异常详见表7-2。

表7-2　Python的内置异常

序号	异常类型	描述
1	BaseException	所有异常的基类
2	+-- SystemExit	解释器请求退出
3	+-- KeyboardInterrupt	用户中断执行(通常是输入^C)
4	+-- GeneratorExit	生成器发生异常以通知退出
5	+-- Exception	常规错误的基类
6	+-- StopIteration	迭代器没有更多的值
7	+-- StopAsyncIteration	停止异步迭代异常
8	+-- ArithmeticError	所有数值计算错误的基类
9	|+-- FloatingPointError	浮点计算错误
10	|+-- OverflowError	数值运算超出最大限制
11	|+-- ZeroDivisionError	除(或取模)零(所有数据类型)
12	+-- AssertionError	断言语句失败
13	+-- AttributeError	对象没有此属性
14	+-- BufferError	缓冲区异常
15	+-- EOFError	没有内建输入,到达EOF标记
16	+-- ImportError	导入模块/对象失败
17	|+-- ModuleNotFoundError	模块未发现异常
18	+-- LookupError	无效数据查询的基类
19	|+-- IndexError	序列中没有此索引
20	|+-- KeyError	映射中没有此键
21	+-- MemoryError	内存溢出错误(对于Python解释器不是致命的)
22	+-- NameError	未声明/初始化对象(没有属性)
23	|+-- UnboundLocalError	访问未初始化的本地变量
24	+-- OSError	操作系统异常
25	+-- ReferenceError	弱引用尝试访问已被垃圾回收的对象
26	+-- RuntimeError	一般的运行时错误
27	|+-- NotImplementedError	尚未实现的方法
28	|+-- RecursionError	递归异常
29	+-- SyntaxError	Python语法错误
30	|+-- IndentationError	缩进错误
31	| +-- TabError	Tab和空格混用

(续表)

序号	异常类型	描述
32	+-- SystemError	一般的解释器系统错误
33	+-- TypeError	对类型无效的操作
34	+-- ValueError	传入无效的参数
35	|+-- UnicodeError	Unicode相关的错误
36	|+-- UnicodeDecodeError	Unicode解码时的错误
37	|+-- UnicodeEncodeError	Unicode编码时的错误
38	|+-- UnicodeTranslateError	Unicode转换时的错误
39	+-- Warning	警告的基类
40	+-- DeprecationWarning	关于被弃用的特征的警告
41	+-- PendingDeprecationWarning	关于将来不推荐使用的功能的警告
42	+-- RuntimeWarning	可疑的运行时行为的警告
43	+-- SyntaxWarning	可疑的语法的警告
44	+-- UserWarning	用户代码生成的警告
45	+-- FutureWarning	关于构造将来语义会有改变的警告
46	+-- ImportWarning	关于模块导入中可能出现的错误的警告
47	+-- UnicodeWarning	与Unicode相关的警告的基类
48	+-- BytesWarning	与Bytes类相关的警告的基类
49	+-- ResourceWarning	与资源使用相关的警告的基类

7.5　本章小结

本章内容主要包括异常的含义及分类、异常处理机制、抛出异常的方式、自定义异常、内置异常以及相关实例的介绍。

7.6　思考和练习

1. 简述异常的含义及其作用。

2. 简述Python的异常处理机制。

3. 简述else块的用途，并举例说明。

4. 简述finally块的用途，并举例说明。

5. 举例说明如何使用raise语句抛出异常。

6. 编写一个程序，自定义一个异常，并对其进行处理。

7. 列举10种常见的异常类型。

## 第 8 章

文件和数据库操作

Python提供了丰富的文件I/O支持，不仅包括用于操作各种路径的os.path模块，还提供了全局的open( )函数来打开文件，并支持多种方式读取文件内容。此外，Python还可以访问多种数据库，如SQLite、Access和MySQL等。

本章学习目标：
- 理解文件对象的两种模式：字节模式和文本模式
- 掌握os.path模块的使用
- 掌握使用open( )函数及相关方法操作文本文件
- 学会使用相关模块访问SQLite、Access和MySQL等数据库

8.1 输入和输出

8.1.1 概述

Python 提供了丰富的文件 I/O 支持，包括多种函数和方法。

Python 的os模块和shutil模块中包含了许多用于文件I/O的函数和方法，借用这些工具，用户可以方便地进行文件的读取和写入。os.path模块主要用于获取文件的属性，例如，exists( )函数用于判断目录是否存在，而getsize( )函数则用于获取文件的大小信息。

全局函数open( )可以打开文件，并采取多种方式来读取文件内容。Python还提供了 tempfile 模块，用于创建临时文件和临时目录。tempfile模块中的高级API会自动管理临时文件的创建和删除，当程序不再使用临时文件和临时目录时，它们会被自动删除。

8.1.2　os模块和shutil模块

os模块和shutil模块的主要方法详见表8-1。

表8-1　os模块和shutil模块的主要方法

方法	功能描述
os.sep	返回操作系统特定的路径分隔符
os.name	指示正在使用的工作平台。例如，Windows为'nt'，Linux/Unix用户为'posix'
os.getcwd( )	获取当前工作目录，即当前Python脚本的工作目录路径
os.linesep	返回当前平台的行终止符。例如，Windows使用'\r\n'，Linux使用'\n'，而Mac使用'\r'
os.getenv( )和os.putenv( )	分别用来读取和设置环境变量
os.listdir( )	返回指定目录下的所有文件和目录名
os.walk( )	返回指定目录及其子目录下的所有文件和目录名
os.remove(file)	删除指定文件
os.stat(file)	获得文件属性
os.chmod(file)	修改文件权限和时间戳
os.mkdir(name)	创建目录
os.rmdir(name)	删除目录
os.chdir("path")	切换当前工作目录到指定路径
os.removedirs(path)	删除多个目录
os.rename("oldname","newname")	重命名文件或目录
os.system( )	运行shell命令
os.exit( )	终止当前进程
shutil.copyfile("oldfile","newfile")	复制文件，oldfile和newfile都必须是文件
shutil.copy("oldfile","newfile")	复制文件或目录oldfile只能是文件，newfile可以是文件或目标目录
shutil.copytree("olddir","newdir")	复制目录，.olddir和newdir都必须是目录，且newdir必须不存在
shutil.move("oldpos","newpos")	移动文件或目录
shutil.rmtree("dir")	删除空目录或包含内容的目录

下面举例说明。

【实例8-1】

```python
# 程序名称：ppb8101.py
# 功能：os和shutil应用演示
import os
import shutil

def testOsModule():
    print("os.sep=",os.sep)                                 # 取得操作系统特定的路径分隔符
    print("os.name=",os.name)                               # 指示正在使用的工作平台
    print("os.getcwd()=",os.getcwd())                       # 得到当前工作目录
    print("os.getenv('pythonpath')=",os.getenv('pythonpath'))  # 分别用来读取和
                                                            #   设置环境变量
    print("os.putenv=",os.putenv())                         # 分别用来读取和设置环境变量
    print("os.linesep=",os.linesep)                         # 给出当前平台的行终止符
```

```
        print("os.listdir()=",os.listdir())          # 返回指定目录下的所有文件和目录名

def main():
    testOsModule()

main()
```

8.1.3　Python os.path模块

os.path模块主要用于获取文件的属性。例如，exists( )函数用于判断目录是否存在，而getsize( ) 函数则用于获取文件大小等。os.path模块的常用方法详见表8-2。

表8-2　os.path模块常用方法

1	os.path.abspath(path)	返回path规范化的绝对路径
2	os.path.split(path)	将path分割成目录和文件名的二元组并返回
3	os.path.dirname(path)	返回path的目录，即os.path.split(path)的第一个元素
4	os.path.basename(path)	返回path最后的文件名。如果path以 / 或\结尾，则返回空值，即os.path.split(path)的第二个元素
5	os.path.commonprefix(list)	返回list中所有路径共有的最长路径
6	os.path.exists(path)	如果path存在，则返回True；否则返回False
7	os.path.isabs(path)	如果path是绝对路径，则返回True
8	os.path.isfile(path)	如果path是一个存在的文件，返回True；否则返回False
9	os.path.isdir(path)	如果path是一个存在的目录，返回True；否则返回False
10	os.path.join(path1[,path2[,...]])	将多个路径组合并返回，第一个绝对路径之前的参数将被忽略
11	os.path.normcase(path)	在Linux和Mac平台上，该函数会返回path原样；在Windows平台上会将路径中所有字符转换为小写，并将所有斜杠转换为反斜杠
12	os.path.normpath(path)	规范化路径
13	os.path.splitdrive(path)	返回(drivername, fpath)元组
14	os.path.splitext(path)	分离文件名与扩展名，默认返回(fname,fextension)元组，可用于分片操作
15	os.path.getsize(path)	返回path指向的文件的大小(字节数)
16	os.path.getatime(path)	返回path指向的文件或目录的最后访问时间
17	os.path.getmtime(path)	返回path指向的文件或目录的最后修改时间

【实例8-2】

```
# 程序名称：ppb8102.py
# 功能：os.path应用演示
import os
import time

def testOspathModule():
    # [1]返回path规范化的绝对路径
    print(os.path.abspath("ppb8102.py"))

    # [2]将path分割成目录和文件名二元组返回
```

```
        print(os.path.split("D:\myLearn\python\ch08\ppb8102.py"))

        # [3]返回path的目录，即os.path.split(path)的第一个元素
        print(os.path.dirname("D:\myLearn\python\ch08\ppb8102.py"))

        # [4]返回path最后的文件名。如果path以／或\结尾，则返回空值，即os.path.split(path)
的第二个元素
        print(os.path.basename("D:\myLearn\python\ch08\ppb8102.py"))

        # [5]返回list中，所有path共有的最长的路径
        # print(os.path.commonprefix(list))

        # [6]如果path存在，返回True；否则返回False
        print(os.path.exists("D:/myLear/Python"))

        # [7]如果path是绝对路径，则返回True
        print(os.path.isabs("D:/myLear/Python"))

        # [8]如果path是一个存在的文件，则返回True；否则返回False
        print(os.path.isfile("ppb8102.py"))

        # [9]如果path是一个存在的目录，则返回True；否则返回False
        print(os.path.isdir("D:/myLear/Python"))

        # [12]返回(drivername,fpath)元组
        print(os.path.splitdrive("D:/myLear/Python"))

        # [13]分离文件名与扩展名，默认返回(fname,fextension)元组，可用于分片操作
        print(os.path.splitext("ppb8102.py"))

        # [14]返回path的文件的大小(字节)
        print(os.path.getsize("ppb8102.py"))

        # [15]返回path指向的文件或目录的最后访问时间
        print(os.path.getatime("ppb8102.py"))

        # [16]返回path指向的文件或目录的最后修改时间
        print(os.path.getmtime("ppb8102.py"))

def main():
    testOspathModule()

main()
```

输出结果为：

```
D:\myLearn\python\ch08\ppb8102.py
('D:\\myLearn\\python\\ch08', 'ppb8102.py')
D:\myLearn\python\ch08
ppb8102.py
False
True
True
False
('D:', '/myLear/Python')
('ppb8102', '.py')
2216
1557556839.3031096
1557557704.8391454
```

【实例8-3】

输出目录树状结构。利用os模块中的walk()函数和listdir()函数均可实现目录(或文件夹)

的遍历，从而输出目录树。

os.walk( )是一种遍历目录树的函数，它采用深度优先的策略(depth-first)访问指定的目录。该函数返回一个生成器，使用该生成器可以递归地遍历一个目录及其子目录中的所有文件和目录。os.walk( )函数的基本格式如下：

```
os.walk(path)
```

其中，path为需要遍历的根目录路径。

os.walk( )函数返回三个元素的元组：(root,dirs, files)，具体说明如下。

◯ root：表示当前遍历的目录路径，类型为字符串。

◯ dirs：包含了root路径下所有子目录名称的列表，类型为列表，每个元素是字符串，代表子目录的名称。

◯ files：包含root路径下所有文件名称的列表，类型为列表，每个元素是字符串，代表子文件的名称。

os.listdir( )函数用于返回指定目录中包含的文件或子目录名称列表。这个列表按照字母顺序排列。不包括 '.' 和 '..'这两个特殊目录，即使它们存在于目录中。

listdir( )方法的语法格式如下：

```
os.listdir(path)
```

其中，path是需要遍历的目录路径，类型为字符串。os.listdir( )函数返回指定路径下的文件和子目录列表，类型为列表，列表中的每个元素是字符串，代表子目录或文件的名称。

下面分别使用walk( )函数和listdir( )函数来生成目录树。

```python
# 程序名称：ppb8102b.py
# 功能：os.walk()和os.listdir()应用演示
import os
from os.path import join  as jn
def show_dirtree1(path):
    for (root, dirs, files) in os.walk(path):
        for dir in dirs:
            print(os.path.join(root, dir))
        for file in files:
            print(os.path.join(root, file))

def show_dirtree2(path):
    import collections
    stk=collections.deque([])
    stk.append(0)
    tree=[]
    for root, _, files in os.walk(path):
        tree.append(root)
        for file in files:
            tree.append(os.path.join(root, file))
    for item in tree:
        depth=item.count("\\")-1
        slist=item.split("\\")
        item0=slist[-1] if depth>0  else item
        ch="□" if os.path.isdir(item) else ""
        print("".join(["" * depth, ch, item0]))

def show_dirtree_dfs(path,depth=0):
    if depth==0:
        print("".join(["! □",path]))
    for item in os.listdir(path):
        item1=os.path.join(path,item)
```

```
        ch="□" if os.path.isdir(item) else ""
        print("".join(["" * (depth+1) , ch, item]))
        if os.path.isdir(item1):
            show_dirtree_dfs(item1, depth +1)
def main():
    # show_dirtree1('e:\\test')
    # show_dirtree2('e:\\test')
    show_dirtree_dfs('e:\\test',0)

main()
```

说明:

假设所涉及的目录为e:\test,该目录下包含的子目录及文件如图8-1所示。

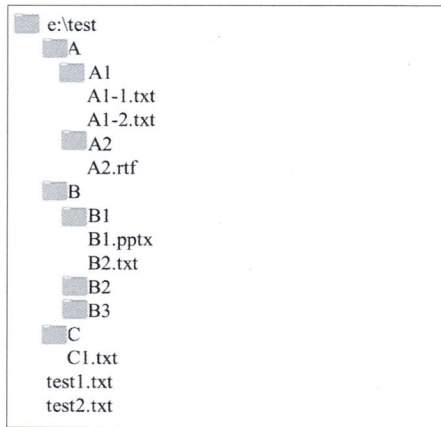

图 8-1　e:\test 包含的子目录及文件

调用show_dirtree1( )后,输出结果为:

```
e:\test\A
e:\test\B
e:\test\C
e:\test\test1.txt
e:\test\test2.txt
e:\test\A\A1
e:\test\A\A2
e:\test\A\A1\A1-1.txt
e:\test\A\A1\A1-2.txt
e:\test\A\A2\A2.rtf
e:\test\B\B1
e:\test\B\B2
e:\test\B\B3
e:\test\B\B1\B1.pptx
e:\test\B\B1\B2.txt
e:\test\C\C1.txt
```

调用show_dirtree2( )后,输出结果为:

```
□e:\test
    test1.txt
    test2.txt
    □A
        □A1
            A1-1.txt
            A1-2.txt
        □A2
```

```
                A2.rtf
        □B
            □B1
                B1.pptx
                B2.txt
            □B2
            □B3
□C
    C1.txt
```

调用show_dirtree_dfs( )后，输出结果为：

```
! □e:\test
    □A
        □A1
            A1-1.txt
            A1-2.txt
        □A2
            A2.rtf
    □B
        □B1
            B1.pptx
            B2.txt
        □B2
        □B3
    □C
        C1.txt
    test1.txt
    test2.txt
```

8.1.4　文件对象操作

1. open( )函数

open( ) 函数用于打开文件对象，其基本语法格式如下：

```
open(file,mode)
```

参数说明如下。

- ○ file：必需，表示文件路径(可以是相对路径或绝对路径)。
- ○ mode：可选，表示文件打开模式。

mode参数的选项包括：r、rb、r+、rb+；w、wb、w+、wb+；a、ab、a+、ab+。具体含义详见表8-3。

表8-3　mode参数一览表

mode参数	含义描述
r	只读模式，文件指针位于文件头
rb	只读模式，以二进制格式打开文件，文件指针位于文件头
r+	读写模式，文件指针位于文件头
rb+	读写模式，以二进制格式打开文件，文件指针位于文件头
w	写模式，指针位于文件头，当文件不存在时新建文件；如果文件已存在，则删除原有内容
wb	写模式，以二进制格式打开文件，指针位于文件头。如果文件不存在，则新建文件；如果文件已存在，则删除文件内容

(续表)

mode参数	含义描述
w+	读写模式，指针位于文件头。如果文件不存在，则新建文件；如果文件已存在，则删除文件内容
wb+	读写模式，二进制格式打开文件，指针位于文件头。文件不存在时新建文件，存在则删除文件内容
a	追加模式，指针位于文件尾。文件不存在时新建文件，存在则在文件内容后追加
ab	追加模式，二进制格式打开文件，指针位于文件尾。文件不存在时新建，存在则在文件内容后追加
a+	读写模式，指针位于文件尾。文件不存在时新建文件，存在则在文件内容后追加
ab+	读写模式，指针位于文件尾。以二进制格式打开文件，文件不存在时新建文件，存在则在文件内容上追加

在文件操作中，使用r模式和w模式打开文件时，文件指针均位于文件头部，而a模式则将指针置于文件尾部。需要注意的是，w模式和a模式在文件不存在时都会新建文件。

> ❖ **提示：**
>
> open( )函数的详细格式为：
>
> ```
> open(file,mode='r',buffering=None,encoding=None,errors=None,newline=None,
> closefd=True,opener=None):
> ```
>
> 参数说明如下。
>
> ○ file：必需，表示文件路径(可以是相对路径或绝对路径)。
> ○ mode：可选，表示文件打开模式。
> ○ buffering：设置缓冲策略。
> ○ encoding：通常使用UTF-8编码。
> ○ errors：指定错误处理级别。
> ○ newline：区分换行符。
> ○ closefd：传入的file参数类型。
> ○ opener：可选参数，自定义打开器，默认为None。

2. 文件对象的模式

在Python中，处理文本对象时可以使用字节模式和文本模式。在字节模式下，文件对象的读、写及指针移动等操作的特点详见表8-4。

表8-4 文件对象的字节模式(/b模式，以UTF-8编码为例)

	读操作	写操作	指针操作
ASCII字节	返回bytes类型的ASCII码	写入bytes类型字节 例如：b'This is ASCII'	使用seek每次设置任意字节
中文字符串	返回bytes类型的编码。一般一个中文字符对应的编码由三个字节组成，例如：\xe4\xbd\xa0为'你'对应的字节码	把字符串编码后才能进行写操作 例如：'你'.encode('utf-8')	使用seek每次设置3的倍数的字节

说明：

'你'对应的bytes类型编码为b'\xe4\xbd\xa0'。

```
print(b'\xe4\xbd\xa0'.decode('UTF-8'))  # 输出结果为"你"
print("你".encode('UTF-8'))              # 输出结果为b'\xe4\xbd\xao'
```

文件对象的文本模式下，读、写及指针移动等操作的特点详见表8-5。

表8-5　文件对象的文本模式

	读操作	写操作	指针操作
ASCII字节	返回可查看的字符串	写入常见的字符串	使用seek每次设置任意字节
中文字符串	返回可查看的字符串	写入常见的字符串	使用seek每次设置3的倍数的字节

3. 文件对象的主要方法

文件对象的主要方法详见表8-6~表8-8。

表8-6　文件对象的主要读方法

读方法	
fp.read(size)	读取文件中size个字符的内容，若size为负或不存在，则读取全部内容。当文件大小是当前机器内存的两倍时，可能会出错。如果到达文件末尾，将返回空字符串
fp.readline( )	读取文件中单独的一行。返回的每行结尾会自动加换行符'\n'，如果到达文件末尾，将返回空字符串
fp.readlines( )	返回该文件的所有行

表8-7　文件对象的主要写方法

写方法	
fp.write(string)	将string写入文件，返回值为写入的字符数

表8-8　文件对象的其他方法

其他方法	
fp.tell( )	返回指针在文件中的位置，以字符数从文件开头开始计算
fp.seek(offset，from_what)	改变指针在文件中的位置，from_what的取值为0、1或2(0表示文件头开始，1表示当前位置，2表示文件结尾) ❍ seek(x,0)：从文件首行首字符开始移动 x 个字符 ❍ seek(x,1)：从当前位置往后移动x个字符 ❍ seek(-x,2)：从文件的结尾往前移动x个字符
fp.close( )	关闭文件并释放系统资源

【实例8-4】

```
# 程序名称：ppb8103.py
# 功能：文件对象操作
# ! /usr/bin/python
# -*- coding: UTF-8 -*-
```

```python
import os

# 字节码与字符串之间的转换
def show_b2s():
    # 字节码转换为字符串
    bs0=b'2023\xe5\xb9\xb4'
    # 方式1:
    s11=bs0.decode('utf-8')
    print("s11=",s11)
    # 方式2:
    s12=str(bs0, encoding='UTF-8')
    print("s12=",s12)

    # 字符串转换为字节码
    s0="2023年"
    # 方式3:
    bs11=s0.encode("utf-8")
    print("bs11=",bs11)
    bs12=bytes(s0, encoding="utf-8")
    print("bs12=",bs12)

# 逐一输出字节码对应的内容，字节码编码为UTF-8
# 在UTF-8编码下，中文字符占用3个字节，ASCII字符占用1个字节
def showBytes(bs,encodeRule,wh=3):
    i,step0=0,1
    while i<len(bs):
        if bs[i]>=128:step0=wh
        else: step0=1
        bs0=bs[i:i+step0]
        print(bs0.decode(encodeRule))
        i=i+step0

# case1：以字节的写模式创建文件对象，并写入ASCII字符
def  case1():
    fp=open('myfile','wb')                          # 以字节的写模式创建文件对象
    fp.write(b'li ren wei mei')                     # 只能是ASCII字符
    # fp.write(b'里仁为美')                          # 只能是ASCII字符
    # File "<stdin>", line 1
    # SyntaxError: bytes can only contain ASCII literal characters.
    fp.close()

    fp=open('myfile')                               # 采用文本方式打开文件对象
    x=fp.read()
    print("[1-1] x=",x)                             # 'li ren wei mei'
    fp.close()

    fp=open('myfile','rb')                          # 采用字节方式打开文件对象
    x=fp.read()
    print("[1-2] x=",x)                             # b'li ren wei mei'
    fp.close()

# case2：以字节的写模式创建文件对象，并将字符串编码成字节后写入
def case2():
    fp=open('myfile','wb')                          # 以字节的写模式创建文件对象
    fp.write('li里ren仁wei为mei美'.encode('utf-8'))  # 将字符串编码成字节就可以写入
    fp.close()

    fp=open('myfile','r',encoding='utf-8')          # 在交互模式下，可以使用文本模式打开字
                                                    # 节写入的中文字符串
    x=fp.read()
    print("[2-1] x=",x)                             # '里仁为美''
    fp.close()
```

```
        fp=open('myfile','rb')
        x=fp.read()    # 每4个符号("\xe9")是一个字节，每3个字节是一个中文
        print("[2-2] x=",x)
        fp.tell()
        fp.seek(0)      # 因为读取文件的时候指针已经到了文件末尾，所以需要移动它到文件开头
        x=fp.read().decode('utf-8')      # 用字节模式打开文件，查看中文字符需要解码
        print("[2-3] x=",x)              # 里仁为美
        fp.seek(0)
        fp.seek(1,1)                     # 向后移动了一个字节
        x=fp.read()
        print("[2-4] x=",x)
        # 移动一个节字是不行的，3个字节是一个中文
        showBytes(x,'utf-8')
        fp.close

def main():
    # show_b2s()
    showBytes(b'2023\xe5\xb9\xb4','utf-8')
    # case1()
    # case2()

main()
```

说明：

(1) 函数show_b2s()展示了字节码与字符串之间的相互转换。字符串'2023年'对应的字节码为b'2023\xe5\xb9\xb4'。可以看出，一个字符串中的ASCII字符(如数字和字符等)在对应的字节码中原样保留，而中文则转换成对应的3个字节组成的编码。例如，字符'年'对应的3字节码为'\xe5\xb9\xb4'。

需要注意的是，解码和编码的规则必须一致。例如，使用UTF-8编码时，必须采用UTF-8解码。

(2) 函数showBytes(bs,encodeRule,wh=3)的作用是按照编码规则encodeRule(如UTF-8)逐一解码并输出字节码bs中的字符。例如，对于bs= b'2023\xe5\xb9\xb4，输出结果为：

```
2
0
2
3
年
```

(3) case1()函数展示了如何以字节写入模式创建文件对象，并写入ASCII字符。纯由ASCII字符构成的字节串可以直接写入，而其他字符则无法写入。

以下写入是允许的：

```
p.write(b'li ren wei mei')
```

以下写入则是不允许的：

```
fp.write(b'里仁为美')
```

此时，会出现以下错误信息：

```
File "<stdin>", line 1
SyntaxError: bytes can only contain ASCII literal characters.
```

(4) case2()函数展示了以字节写模式创建文件对象，并写入包含中文字符的字符串。在这种情况下，需要对字符串进行编码后再写入。例如，使用UTF-8编码时，可按如下方式写入：

```
fp.write('li里ren仁wei为mei美'.encode('utf-8'))
```

这段代码将字符串按UTF-8编码转换为字节，从而可以成功写入文件。

4. 文件对象可遍历

在Python中，文件对象可以像序列一样进行遍历，因此可以使用 for 循环来遍历文件内容。此外，还可以使用list(fp)方法或fp.readlines( )方法将文件内容存放到列表中。

【实例8-5】

```
# 程序名称：ppb8104.py
# 功能：文件是序列的应用演示
import os
import sys
import codecs

# 文件所在目录
print('目前系统的编码为：',sys.getdefaultencoding())

# 将old_rule编码下的文件old_file转换成将new_rule编码下的文件new_file
def transform(old_file,new_file,old_rule,new_rule):
    fr=open(old_file, 'r',encoding=old_rule)
    fw=open(new_file, 'w', encoding=new_rule)
    fread=fr.read()
    fw.write(fread)
    fr.close()
    fw.close()

def readTxt(fname):
    print("文本方式读取文件......")
    if (os.path.isfile(fname)):
        fp=open(fname,'r')
        list1=list(fp)
        print('list1=',list1)
        fp.seek(0)   # 文件指针移动到文件开始
        list2=fp.readlines()
        print('list2=',list2)
        fp.seek(0)   # 文件指针移动到文件开始
        for line in fp:
            print(line)
    else:
        print(fname,"不存在！！！")
    fp.close()

def readUTF8(fname):
    print("字节方式读取文件......")
    if (os.path.isfile(fname)):
        fp=open(fname,'rb')
        list1=list(fp)
        print('list1=',list1)
        fp.seek(0)   # 文件指针移动到文件开始
        list2=fp.readlines()
        print('list2=',list2)
        fp.seek(0)   # 文件指针移动到文件开始
        for line in fp:
            print(line.decode('utf-8'))
    else:
        print(fname,"不存在！！！")
    fp.close()

def main():
    readTxt('myfile.txt')
    transform("myfile.txt","myfileUTF8.txt","ansi","utf-8")
    readUTF8('myfileUTF8.txt')

main()
```

说明：

(1) 函数transform(old_file,new_file,old_rule,new_rule)的作用是将old_rule编码的文件old_file转换为以new_rule编码的文件new_file。

(2) 函数readTxt(fname)的作用是以文本方式读取ANSI格式的TXT文件fname。

(3) 函数readUTF8(fname)的作用是以字节方式读取UFT-8格式的TXT文件fname。

5. with语句

with 语句适用于资源访问场景，确保在使用过程中，无论是否发生异常都会执行必要的"清理"操作，以释放资源。例如，使用后自动关闭文件、自动获取和释放线程锁等。

以下是一个文件操作示例：

```
f=open('D:\\aa.txt')
try:
    content=f.read()
finally:
    f.close()
```

这段代码较为冗长，而with语句提供了更优雅的语法，可以有效处理上下文环境中的异常。下面是with版本的代码，它会自动关闭文件：

```
with open("/tmp/foo.txt") as fp:
    data=fp.read()
```

比较下面两段程序代码。

代码一：

```
with open(r'fileName') as fp:
    for line in fp:
        print(line)
```

代码二：

```
fp=open(r'fileName')
try:
    for line in fp:
        print(line)
finally:
    f.close()
```

从比较中可以看出，代码一优于代码二，因为使用 with 语句不仅简化了代码，还减少了编码量。例如：

```
with open(r'd:/abc.txt') as fp:
    for line in fp:
        print(line)
```

以上3行代码主要实现了以下4项工作。

(1) 打开D盘中的文件abc.txt。

(2) 将文件对象赋值给fp。

(3) 将文件所有行输出。

(4) 无论代码中是否出现异常，Python都会关闭该文件。

【实例8-6】

将一个文件夹下的所有Java文件转换为另一种编码，并将转换后的文件保存在指定的文件夹中。

```
# 程序名称: ppb8105py
# 功能: 编码转换的应用演示
import os
import codecs
import chardet
# 获取文件后缀名
def get_file_extension(file):
    (filepath, filename)=os.path.split(file)
    (shortname, extension)=os.path.splitext(filename)
    return extension
# 获取文件编码
def get_file_encode(filename):
    with open(filename, 'rb') as f:
        data=f.read()
        encoding_type=chardet.detect(data)['encoding']
    return encoding_type


def convert(s_folder,t_folder,t_encode):
    # 遍历原文件夹内的所有文件
    for root, dirs, files in os.walk(s_folder):
        for file in files:
            file_ext=get_file_extension(file).lower()
            if file_ext in {'.java','.py'}:
                # 拼接文件路径
                s_file=os.path.join(root, file)
                t_file=os.path.join(t_folder, file)
                # 使用chardet库检测文件编码
                s_encode=get_file_encode(s_file)
                # if s_encode is None:
                # s_encode='GBK'
                try:
                    with codecs.open(s_file, 'r', encoding=s_encode) as fin:
                        data=fin.read()
                        with open(t_file, 'w', encoding=t_encode) as fout:
                            fout.write(data)
                            fout.close()
                except Exception as e:
                    print(s_file,e)

def main():
    # 指定原文件夹和目标文件夹路径
    s_folder="e:\\test\\codes-ansi\\ch02"
    t_folder="e:\\result\\codes-ansi\\ch02"
    if not os.path.exists(t_folder):
        os.makedirs(t_folder)
    # 指定目标编码
    t_encode="utf-8"
    convert(s_folder,t_folder,t_encode)

main()
```

说明:

以上程序可以将源文件夹s_folder下的所有后缀为.java或.py的文件编码转换为UTF-8，转换后的文件保存在t_folder中。

8.2 数据库操作

8.2.1 概述

在Python中，可以访问多种数据库，如SQLite、Access、MySQL等。使用Python访问数据库的基本流程如下。

(1) 调用connect( )方法打开数据库连接，该方法返回一个数据库连接对象。

(2) 通过数据库连接对象打开游标。

(3) 使用游标执行SQL语句(包括 DDL、DML和SELECT查询语句等)。如果执行的是查询语句，则处理查询结果。

(4) 关闭游标。

(5) 关闭数据库连接。

数据库连接对象通常会具有以下方法和属性。

○ cursor(factory=Cursor)：打开游标。

○ commit( )：提交事务。

○ rollback( )：回滚事务。

○ close( )：关闭数据库连接。

○ isolation_level：返回或设置数据库连接中事务的隔离级别。

○ in_transaction：判断当前是否处于事务中。

cursor( )方法返回一个游标对象，主要用于执行各种SQL语句，包括 DDL、DML和SELECT查询语句等。使用游标执行不同的 SQL 语句会返回不同的结果。

游标对象通常具有以下方法和属性。

○ execute(sql[, parameters])：执行SQL语句。parameters 参数用于为 SQL语句中的参数指定值。

○ executemany(sql, seq_of_parameters)：重复执行SQL语句。可以通过 seq_of_parameters 序列为 SQL 语句中的参数指定值，序列中的元素个数决定SQL语句被执行的次数。

○ executescript(sql_script)：该方法不是DB API 2.0的标准方法，允许直接执行包含多条 SQL 语句的 SQL 脚本。

○ fetchone( )：获取查询结果集的下一行。如果没有下一行，则返回 None。

○ fetchmany(size=cursor.arraysize)：返回查询结果集中的下 N 行组成的列表。如果没有更多的数据行，则返回空列表。

○ fetchall( )：返回查询结果集的所有行组成的列表。

○ close( )：关闭游标。

○ rowcount：该只读属性返回受 SQL 语句影响的行数。对于 executemany( )方法，该属性也可以获取所修改的记录条数。

○ lastrowid：该只读属性可获取最后修改行的 rowid。

○ arraysize：用于设置或获取 fetchmany( )默认获取的记录条数，该属性默认为 1。需要注意的是，有些数据库模块可能不支持该属性。

- description：该只读属性可获取最后一次查询返回的所有列的信息。
- connection：该只读属性返回创建游标的数据库连接对象。有些数据库模块可能不支持该属性。

8.2.2 基本SQL语句

SQL由命令、子句和运算符构成，这些元素结合在一起形成用于创建、更新和操作数据库的语句。

1. SQL命令

SQL命令分为两类：数据定义DDL命令(详见8-9)和数据操纵DML命令(详见表8-10)。

表8-9 数据定义DDL命令

命令	说明
CREATE	创建新的表、字段和索引
DROP	删除数据库中的表和索引
ALTER	通过添加字段或修改字段定义来修改表

表8-10 数据操纵DML命令

命令	说明
SELECT	从数据库中查找满足特定条件的记录
INSERT	在数据库中插入新的记录
UPDATE	更改特定的记录和字段
DELETE	从数据库中删除记录

2. SQL子句

SQL子句用于定义要选择或操作的数据，详见表8-11。

表8-11 SQL子句

子句	说明
FROM	指定要操作的表
WHERE	指定选择记录时满足的条件
GROUP BY	将选择的记录进行分组
HAVING	指定分组后的条件
ORDER BY	按特定顺序排序记录

3. SQL运算符

SQL运算符包括逻辑运算符和比较运算符。其中，逻辑运算符包括AND、OR和NOT；比较运算符包括<、<=、>、>=、=、<>、BETWEEN、LIKE和IN。

举例说明如下。

1) SELECT语句

SELECT 语句用于从表中选取数据，结果存储在一个结果表中(称为结果集)。

语法：

```
SELECT 列名称 FROM 表名称
```

以及：

```
SELECT * FROM 表名称
```

示例：

```
SELECT * FROM table1
SELECT fld1,fld2 FROM table1
SELECT table1.fld1, table2.fld2 FROM table1, table2
SELECT fld1,fld2 FROM table1 WHERE fld1 LIKE '刘%'
SELECT fld1,fld2 FROM table1 WHERE fld1 BETWEEN '1-1-1999' AND '6-30-1999'
SELECT table1.fld1, table2.fld2 FROM table1, table2 WHERE  table1.fld3=table2.fld3 GROUP BY table1.fld1
SELECT table1.fld1, table2.fld2 FROM table1, table2 WHERE  table1.fld3=table2.fld3 GROUP BY table1.fld1 HAVING table1.fld1* table2.fld2>=100
```

说明：

在SELECT语句中，HAVING子句用于确定在带GROUP BY子句的查询中具体显示哪些记录。通过GROUP BY子句完成分组后，可以使用HAVING子句来筛选出满足指定条件的分组。

2) SELECT…INTO语句

SELECT…INTO语句用于根据查询结果建立新表。

语法：

```
SELECT 列名称 FROM 表名称  INTO 新表
```

示例：

```
SELECT fld1,fld2 FROM table1 INTO table4
```

上述语句基于表table1中所有行的字段fld1和fld2的内容，创建新表table4，表table4中每一行将包含字段fld1和fld2的对应数据。

3) DELETE语句

DELETE 语句用于删除表中的行。

语法：

```
DELETE FROM 表名称 WHERE 条件
```

示例：

```
DELETE FROM table1 WHERE fld1 LIKE '刘%'
```

上述语句将删除表table1中字段fld1包含'刘'的所有行(记录)。

4) INSERT INTO语句

INSERT INTO 语句用于向表格中插入新的行。

语法：

```
INSERT INTO 表名称 VALUES (值1,值2,....)
```

也可以指定要插入数据的列：

```
INSERT INTO table_name (列1,列2,...)VALUES(值1,值2,....)
```

示例：

```
INSERT INTO table1(fld1,fld2,fld3) VALUES('aaaa', '1997-12-1',12)
```

上述语句向表table1插入一行数据，该行中字段fld1、fld2和fld3的内容分别为'aaaa'、'1997-12-1'和12。

5) UPDATE语句

UPDATE语句用于修改表中的数据。

语法：

`UPDATE 表名称 SET 列名称=新值 WHERE 条件`

示例：

`UPDATE table1 set fld1='2222'`

上述语句将修改表table1中所有行的字段fld1的值为'2222'。

8.2.3　SQLite数据库

1. SQLite3模块简介

1) SQLite3模块命令

SQLite3模块的主要命令详见表8-12。

表8-12　SQLite3模块主要命令

序号	命令	描述
1	databases	查看数据库
2	tables	查看表格名称
3	databaseName.dump> umpName	将数据库导出到文本文件dumpName中，并使用databaseName进行恢复
4	attach database 'one' as 'other'	将两个数据库绑定在一起
5	detach database 'name'	分离数据库
6	schema tableName	查看表格结构
7	create table name;	创建表
8	drop table name;	删除表

2) SQLite3模块主要方法

SQLite3模块的主要方法详见表8-13。

表8-13　SQLite3模块主要方法

序号	方法	描述
1	sqlite3.connect(database [,timeout, other optional arguments])	打开数据库；如果指数据库存在，则返回一个连接对象；如果不存在，则会创建一个数据库
2	connection.cursor( )	创建一个cursor对象
3	cursor.execute(sql)	执行一个SQL语句，该语句可以被参数化
4	connection.execute(sql)	该方法是由游标(cursor)对象提供的快捷方式，它通过调用游标(cursor)方法创建了一个临时游标对象，并使用给定的参数调用游标的 execute 方法
5	cursor.executemany(sql,seq_of_parameters)	对seq_of_parameters 中的所有参数或映射执行一个 SQL 命令。connection.executemany(sql,seq_of_parameters)是其快捷方式
6	cursor.executescript(sql_script)	该方法在接收到脚本后，会执行多个SQL语句。它首先执行COMMIT语句，然后执行作为参数传入的SQL脚本。所有的 SQL语句应使用分号(;)进行分隔

（续表）

序号	方法	描述
7	connection.executescript(sql_script)	执行SQL脚本的快捷方式
8	connection.total_changes( )	返回自数据库连接打开以来被修改、插入或删除的数据库总行数
9	connection.commit( )	提交当前的事务。如果未调用该方法，则上一次调用commit( )以来的所有更改都不会被保存，并且对其他数据库连接不可见
10	connection.rollback( )	回滚自上一次调用commit( )以来对数据库所做的更改
11	connection.close( )	关闭数据库连接。需要注意的是，这不会自动调用commit( )方法。如果在关闭数据库连接之前未调用commit( )方法，则所有未提交的更改将全部丢失
12	connection.fetchmany([size=cursor.arraysize])	获取查询结果集中的下一组行，返回一个列表。当没有更多的可用的行时，返回一个空列表。该方法尝试获取由 size 参数指定的尽可能多的行
13	cursor.fetchall( )	获取查询结果集中所有剩余的行，返回一个列表。当没有可用的行时，返回一个空列表

2. 数据库操作基本步骤

对SQLite数据库的操作通常遵循以下步骤。

(1) 通过import导入sqlite3模块。例如：

```
import sqlite3
```

(2) 使用 connect( ) 方法打开或创建一个数据库。例如：

```
myconn=sqlite3.connect('databasename.db')
```

如果数据库databasename.db已存在，程序将打开该数据库；如果数据库不存在，则会在当前目录下创建相应的数据库文件。

(3) 通过数据库连接对象创建游标。例如：

```
mycursor=conn.cursor()
```

(4) 使用游标执行 SQL 语句(包括 DDL、DML和SELECT查询等)，以创建表和操作数据。具体可参考后面的实例。

(5) 关闭游标。例如：

```
mycursor.close()
```

(6) 关闭数据库连接。例如：

```
myconn.close
```

3. 创建数据库和表

创建表的SQL语句为：

```
CREATE TABLE IF NOT EXISTS table_name(fld1 type1,fld2 type2,…);
```

当表table_name不存在时，将创建该表。括号内的内容为表的字段列表，字段之间用逗号(,)隔开，字段名与字段类型之间用空格隔开。若未指定类型，则默认为TEXT类型。

使用游标的execute( )方法执行上述SQL语句即可创建一个名为table_name的数据库表。例如：

```
import sqlite3
myconn=sqlite3.connect('mydatabase.db')
mycursor=myconn.cursor()
fieldslist='(stdno text,name text,math int,english int,language int,average int)'
mycursor.execute('create table if not exists scoretable' +fieldslist)
myconn.commit()
```

以上代码创建了一个成绩表scoretable，包含6个字段：stdno、name、math、english、language和average，其类型分别为TEXT、TEXT、INT、INT和INT。

4. 添加数据

添加数据的SQL语句格式为：

```
INSERT INTO table_name(fld1,fld2,…)VALUES(value1,value2,…);
```

例如：

```
fieldslist='(stdno,name,math,english,language,average)'
valueslist='("9701","张三",58,79,94,77)'
sqlstr='INSERT INTO table_name'+fieldslist+'VALUES'+valueslist
mycursor.execute(sqlstr)
myconn.commit()
```

5. 修改数据

修改数据的SQL语句格式为：

```
UPDATE table_name SET fld1=value1,fld2=value2,… where condition;
```

例如：

```
updateslist='name="张三丰",english=80'
conditon='stdno="9701"'
sqlstr='UPDATE'+tablename+'SET'+updateslist+'WHERE'+conditon
mycursor.execute(sqlstr)
myconn.commit()
```

6. 删除数据

删除修改数据的SQL语句格式为：

```
DELETE FROM table_name WHERE condition
```

例如：

```
conditon='stdno="9700"'
sqlstr='DELETE FROM'+tablename+'WHERE'+condition
mycursor.execute(sqlstr)
myconn.commit()
```

7. 查询数据

(1) 全部查找：

```
mycursor.execute('SELECT*FROM'+tablename)
result=mycursor.fetchall()
print(result)
```

(2) 根据条件查询：

```
condition='average>=80'
sqlstr='SELECT*FROM'+ tablename+'WHERE'+condition
mycursor.execute(sqlstr)
result=mycursor.fetchall()
print(result)
```

(3) 模糊查询：

```
condition='name LIKE "张%"'
sqlstr='SELECT*FROM'+ tablename+' where '+condition
mycursor.execute(sqlstr)
result=mycursor.fetchall()
print(result)
```

LIKE是用于模糊查询的关键字，其查询规则如下。

○ _x：查找以x结尾且前面只有一个字符的数据，其中"_"代表任意单个字符。

○ x_：查找以x开头且后面只有一个字符的数据。

○ x%：查找所有以x开头的数据。

○ %x：查找所有以x结尾的数据。

○ %x%：查找所有包含x的数据。

【实例8-7】

```
# 程序名称：ppb8201.py
# 功能：SQLite数据库
import sqlite3

# 1.创建表
def createTable(myconn,mycursor,tablename,fieldsTable):
    try:
        sqlstr='create table if not exists '+tablename+fieldsTable
        mycursor.execute(sqlstr)
        myconn.commit()
        return True
    except:
        return False

# 2.增加记录
def insertRecord(myconn,mycursor,tablename,fieldslist,valueslist):
    try:
        sqlstr='insert into'+ tablename+fieldslist+' Values'+valueslist
        mycursor.execute(sqlstr)
        myconn.commit()
        return True
    except:
        return False

# 3.根据条件修改数据库中的数据
def updateRecord(myconn,mycursor,tablename,updateslist,condition):
    try:
        sqlstr='update'+ tablename+'set'+updateslist+'where '+condition
        mycursor.execute(sqlstr)
        myconn.commit()
        return True
    except:
        return False

# 4.根据条件删除数据库中的数据
def deleteRecord(myconn,mycursor,tablename,condition):
    try:
        sqlstr='delete from '+tablename+' where'+condition
        mycursor.execute(sqlstr)
        myconn.commit()
        return True
    except:
```

```
            return False

    # 5.条件查询
    def seekRecord(myconn,mycursor,tablename,condition):
        try:
            sqlstr='select*from'+tablename+'where'+condition
            mycursor.execute(sqlstr)
            result=mycursor.fetchall()
            return result
        except:
            return None
    def main():
        # 处理开始……
        myconn=sqlite3.connect('mydatabase3.db')
        mycursor=myconn.cursor()
        # 1.创建表
        tablename='scoretable'
        # fieldsTable='(stdno text,name text,math int,english int,language int,average int)'
        fieldsTable=(
        r'(stdno text,'
        r'name text,'
        r'math int,'
        r'english int,'
        r'language int,'
        r'average int)'
        )
        createTable(myconn,mycursor,tablename,fieldsTable)
        # 2.增加记录
        fp=open("mydbfile.txt")
        fieldslist='(stdno,name,math,english,language,average)'
        for line in fp:
            valueslist='('+line+')'
            insertRecord(myconn,mycursor,tablename,fieldslist,valueslist)
        fp.close()

        # 3.根据条件修改数据库中的数据
        updateslist='name="张三丰",english=80'
        condition='stdno="9701"'
        updateRecord(myconn,mycursor,tablename,updateslist,condition)

        # 4.根据条件删除数据库中的数据
        condition='stdno="9700"'
        deleteRecord(myconn,mycursor,tablename,condition)

        # 5.查询数据库中的数据(以下表为例)
        # (1)全部查找:
        mycursor.execute('select * from '+ tablename)
        result=mycursor.fetchall()
        print(result)
        # (2)根据条件查找:
        condition='average>=80'
        result=seekRecord(myconn,mycursor,tablename,condition)
        print(result)
        # (3)数据库模糊查询
        '''
        模糊查询语句的关键字:like
        查询规则:
        _x:查找以x结尾,且前面只有一个字符的数据,其中"_"代表任意单个字符
        x_:查找以x开头且后面只有一个字符的数据
        x%:查找所有以x开头的数据
        %x:查到所有以x结尾的数据
        %x%:查找所有包含x的数据
        ‹ › ›
```

```
condition='name LIKE "张%"'
result=seekRecord(myconn,mycursor,tablename,condition)
print(result)

main()
```

8.2.4 Access数据库

1. 访问Acces数据库前的准备工作

1) 安装pypyodbc模块

在命令行中执行以下命令以安装pypyodbc模块：

```
pip install pypyodbc
```

安装成功后，可以在C:\Python36\Lib\site-packages目录中看到pypyodbc文件夹，此时可以使用pypyodbc模块。

2) 创建数据源

首先，使用Access创建一个数据库文件，例如mydb.mdb。然后，通过"控制面板"中"管理工具"下的"数据源(ODBC)"来创建数据源(详细步骤可参见后面的"建立数据源的操作"部分)。

2. 访问Access数据库的基本步骤

对Access数据库的操作通常遵循以下步骤。

(1) 通过import导入pypydobc模块：

```
import pypyodbc
```

(2) 创建一个数据库。例如：

```
dbname="mydb.mdb"
myconn=pypyodbc.win_create_mdb(dbname)
myconn.close()
```

如果数据库文件mydb.mdb已存在，此步骤可以省略。

(3) 创建与数据库的连接。例如：

```
str1='Driver={Microsoft Access Driver(*.mdb)};PWD'+password+";DBQ="+dbname
myconn=pypyodbc.win_connect_mdb(str1)
```

(4) 通过数据库连接对象打开游标。例如：

```
mycursor=conn.cursor()
```

(5) 使用游标执行 SQL 语句(包括 DDL、DML和SELECT查询语句等)，以创建表和处理数据(详细示例将在后面提供)。

(6) 关闭游标。例如：

```
mycursor.close()
```

(7) 关闭数据库连接。例如：

```
myconn.close
```

从以上步骤可以看出，Python对Access数据库的访问操作与对SQLite数据库的访问步骤基本类似。因此，接下来将通过实例来展示具体用法，而不再对每个步骤进行详细解释。

【实例8-8】

```python
# 程序名称：ppb8202.py
# 功能：Access数据库
# -*- coding: UTF-8 -*-

# 1.创建数据库
def  createDatabase(dbname):
    try:
        myconn=pypyodbc.win_create_mdb(dbname)
        myconn.close()
        return True
    except:
        return False

# 2.连接数据库
def connectDatabase(dbname, password=''):
    try:
        str1='Driver={Microsoft Access Driver (*.mdb)};PWD' + password + ";
            DBQ=" + dbname
        conn=pypyodbc.win_connect_mdb(str1)
        return conn
    except:
        return None

# 3.创建表
# mycursor.execute('CREATE TABLE t1 (id COUNTER PRIMARY KEY, name CHAR(25));')
.commit()
def createTable(myconn,mycursor,tablename,fieldsTable):
    try:
        sqlstr='create table '+tablename+fieldsTable
        mycursor.execute(sqlstr)
        myconn.commit()
        return True
    except:
        return False

# 4.增加记录
def insertRecord(myconn,mycursor,tablename,fieldslist,valueslist):
    try:
        sqlstr='insert into '+ tablename+fieldslist+' values'+valueslist
        # print("sqlstr",sqlstr)
        mycursor.execute(sqlstr)
        myconn.commit()
        return True
    except:
        return False

# 5.根据条件修改数据库中的数据
def updateRecord(myconn,mycursor,tablename,updateslist,condition):
    try:
        sqlstr='update '+ tablename+' set '+updateslist+' where '+condition
        mycursor.execute(sqlstr)
        myconn.commit()
        return True
    except:
        return False

# 6.根据条件删除数据库中的数据
def deleteRecord(myconn,mycursor,tablename,condition):
    try:
        sqlstr='delete from '+tablename+' where  '+condition
        mycursor.execute(sqlstr)
```

```
        myconn.commit()
        return True
    except:
        return False

# 7.条件查询
def seekRecord(myconn,mycursor,tablename,condition):
    try:
        sqlstr='select*from'+tablename+'where'+condition
        mycursor.execute(sqlstr)
        result=mycursor.fetchall()
        return result
    except:
        return None

# 8.显示
def showRowCol(mycursor):
    for col in mycursor.description:              # 显示行描述
        print (col[0], col[1])
    result=mycursor.fetchall()
    for row in result:                           # 输出各字段的值
        print (row)
        print (row[1], row[2])

def main():
    # 处理开始……
    import os
    import pypyodbc
    # 1.创建或连接库
    dbname='f:\myLearn\Python\database\mydb1.mdb'
    # createDatabase(dbname)                      # 创建一个新的Access数据库
    myconn=connectDatabase(dbname)               # 连接数据库
    mycursor=myconn.cursor()                     # 产生cursor游标
    # 2.创建表
    tablename='scoretable'
    fieldsTable=(
    r'(id COUNTER PRIMARY KEY,'
    r'stdno CHAR(6),'
    r'name CHAR(25),'
    r'math int,'
    r'english int,'
    r'language int,'
    r'average int);'
    )
    # createTable(myconn,mycursor,tablename,fieldsTable)

    # 3.增加记录
    print("增加记录......")
    fp=open("mydbfile2.txt")
    fieldslist='(stdno,name,math,english,language,average)'
    for line in fp:
        valueslist='('+line+')'
        insertRecord(myconn,mycursor,tablename,fieldslist,valueslist)
    fp.close()

    # result=mycursor.execute("select * from scoretable")
    # print('70.result=',result)
    # showRowCol(mycursor)

    # 4.根据条件修改数据库中的数据
    print("条件修改......")
    updateslist='name="张三丰",english=80'
    condition='stdno="9701"'
```

```
updateRecord(myconn,mycursor,tablename,updateslist,condition)

# 5.根据条件删除数据库中的数据
print("条件删除......")
condition='stdno="9700"'
deleteRecord(myconn,mycursor,tablename,condition)

# 6.查询数据库中的数据,以下表为例
# (1)全部查找:
print("查询全部......")
mycursor.execute('select * from '+ tablename)
result=mycursor.fetchall()
print(result)
# (2)根据条件查找:
print("条件全部......")
condition='average>=80'
result=seekRecord(myconn,mycursor,tablename,condition)
print(result)
# (3)数据库模糊查询
'''
模糊查询语句的关键字:like
查询规则:
_x:查找以x结尾,且前面只有一个字符的数据,其中"_"代表任意单个字符
x_:查找以x开头且后面只有一个字符的数据
x%:查找所有以x开头的数据
%x:查找所有以x结尾的数据
%x%:查找所有包含x的数据
'''
print("模糊查询......")
condition='name LIKE "张%"'
result=seekRecord(myconn,mycursor,tablename,condition)
print(result)

main()
```

8.2.5　MySQL数据库

1. 访问MySQL数据库前的准备工作

1) 安装MySQL软件

访问MySQL官方网站下载页面。下载安装程序(如mysql-installer-community-8.0.16.0.msi)。按照提示进行安装(通常可以选择默认设置)。在安装过程中，应记住登录名和密码。

2) 安装mysql-connector模块

在命令行执行以下命令安装mysql-connector模块：

```
python -m pip install mysql-connector
```

2. 访问MySQL数据库的基本步骤

对MySQL数据库的操作通常遵循以下步骤。

(1) 使用以下代码导入mysql-connector模块：

```
import mysql-connector
```

此时，如果没有错误提示，则表示导入成功。

(2) 创建一个数据库。建议使用MySQL8.0 Command Line Client创建数据库。登录后，输入以下命令：

```
mysql>create database mysqldb
```

这将创建一个名为**mysqldb**的数据库。如果数据库**mysqldb**已存在，则可以省略此步骤。

(3) 创建与数据库的连接。例如：

```
conninfo={'host':'localhost',          # 默认127.0.0.1
    'user':'root',
    'password':'12345678',
    'port':3306 ,                       # 默认即为3306
    'database': 'mysqldb',
    'charset':'utf8'                    # 默认即为utf8
}
conn=mysql.connector.connect(**conninfo)
```

(4) 通过数据库连接对象打开游标。例如：

```
mycursor=conn.cursor()
```

(5) 使用游标执行 SQL 语句(包括 DDL、DML和SELECT查询等)，以创建表和操作数据(具体实例将在后面提供)。

(6) 关闭游标。例如：

```
mycursor.close()
```

(7) 关闭数据库连接。例如：

```
myconn.close
```

从上述操作可知，Python对MySQL数据库的访问操作步骤与对SQLite和Access数据库的访问基本类似。因此，接下来将通过实例展示具体用法，而不再对每个步骤进行详细解释。

【实例8-9】

```
# 程序名称：ppb8203.py
# 功能：MySQL数据库
# -*- coding: UTF-8 -*-

# 1.创建数据库
def  createDatabase(dbname):
    conninfo={'host':'localhost',       # 默认127.0.0.1
        'user':'root',
        'password':'12345678',
        'port':3306 ,                    # 默认即为3306
        'charset':'utf8'                 # 默认即为utf8
    }
    try:
        myconn=mysql.connector.connect(**conninfo)
        mycursor=myconn.cursor()
        mycursor.execute("CREATE DATABASE"+dbname)
        mycursor.close()
        myconn.close()
        return True
    except:
        return False

# 2.连接数据库
def  connectDatabase(dbname):
    conninfo={'host':'localhost',       # 默认127.0.0.1
        'user':'root',
        'password':'12345678',
        'port':3306 ,                    # 默认即为3306
        'database':dbname,
```

```
                    'charset':'utf8'                    # 默认即为utf8
                }
        try:
            conn=mysql.connector.connect(**conninfo)
            return conn
        except mysql.connector.Error as e:
            print('connect fails! {}'.format(e))
            return None

# 3.创建表
# mycursor.execute("CREATE TABLE sites (name VARCHAR(255), url VARCHAR(255))")
def createTable(myconn,mycursor,tablename,fieldsTable):
        try:
            sqlstr='create table '+tablename+fieldsTable
            mycursor.execute(sqlstr)
            myconn.commit()
            return True
        except:
            return False

# 4.增加记录
def insertRecord(myconn,mycursor,tablename,fieldslist,valueslist):
        try:
            sqlstr='insert into '+ tablename+fieldslist+' values'+valueslist
            # print("sqlstr",sqlstr)
            mycursor.execute(sqlstr)
            myconn.commit()
            return True
        except:
            return False

# 5.根据条件修改数据库中的数据
def updateRecord(myconn,mycursor,tablename,updateslist,condition):
        try:
            sqlstr='update '+ tablename+' set '+updateslist+' where '+condition
            mycursor.execute(sqlstr)
            myconn.commit()
            return True
        except:
            return False

# 6.根据条件删除数据库中的数据
def deleteRecord(myconn,mycursor,tablename,condition):
        try:
            sqlstr='delete from '+tablename+' where  '+condition
            mycursor.execute(sqlstr)
            myconn.commit()
            return True
        except:
            return False

# 7.条件查询
def seekRecord(myconn,mycursor,tablename,condition):
        try:
            sqlstr='select * from '+ tablename+' where '+condition
            mycursor.execute(sqlstr)
            result=mycursor.fetchall()
            return result
        except:
            return []

# 8.显示
def showRowCol(mycursor):
```

```
        for col in mycursor.description:         # 显示行描述
            print (col[0], col[1])
        result=mycursor.fetchall()
        for row in result:                        # 输出各字段的值
            print (row)
            print (row[1], row[2])

def main():
    # 处理开始……
    import mysql.connector

    # 1.创建或连接数据库
    dbname='MySQLdb1'
    # createDatabase(dbname)                      # 创建数据库
    myconn=connectDatabase(dbname)                # 连接数据库
    mycursor=myconn.cursor()                      # 创建游标

    # 2.创建表
    print("创建表......")

    tablename='scoretable'
    # tablename='table2'
    fieldsTable=(
    r'(id int primary key auto_increment,'
    r'stdno char(6),'
    r'name char(20),'
    r'math int,'
    r'english int,'
    r'language int,'
    r'average int);'
    )
    createTable(myconn,mycursor,tablename,fieldsTable)

    # 3.增加记录
    print("增加记录......")
    fp=open("mydbfile2.txt")
    fieldslist='(stdno,name,math,english,language,average)'
    for line in fp:
        valueslist='('+line+')'
        insertRecord(myconn,mycursor,tablename,fieldslist,valueslist)
    fp.close()

    # result=mycursor.execute("select * from scoretable")
    # print('70.result=',result)
    # showRowCol(mycursor)

    # 4.根据条件修改数据库中的数据
    print("条件修改......")
    updateslist='name="张三丰",english=80'
    condition='stdno="9701"'
    updateRecord(myconn,mycursor,tablename,updateslist,condition)

    # 5.根据条件删除数据库中的数据
    print("条件删除......")
    condition='stdno="9700"'
    deleteRecord(myconn,mycursor,tablename,condition)

    # 6.查询数据库中的数据(以下表为例)
    # (1)全部查找:
    print("查询全部......")
    mycursor.execute('select * from '+ tablename)
    result=mycursor.fetchall()
    print(result)
```

```
#  (2)根据条件查找:
print("条件全部......")
condition='average>=80'
result=seekRecord(myconn,mycursor,tablename,condition)
print(result)
#  (3)数据库模糊查询
'''
模糊查询语句的关键字:like
查询规则:
_x:查找以x结尾,且前面只有一个字符的数据,其中"_"代表任意单个字符
x_:查找以x开头且后面只有一个字符的数据
x%:查找所有以x开头的数据
%x:查找所有以x结尾的数据
%x%:查找所有包含x的数据
'''
print("模糊查询......")
condition='name LIKE "张%"'
result=seekRecord(myconn,mycursor,tablename,condition)
print(result)

main()
```

8.3　建立数据源操作

　　数据源名称(Data Source Name，DSN)是一个名称字符串，用于标识应用程序的操作对象。它可以是数据库的标识符，也可以是电子表格或Word文档的标识符。该标识符描述了提供数据对象的基本属性，包括数据库路径、文件名称、用户标识ID、本地数据库、网络数据库等信息。

　　DSN分为用户、系统和文件三种类型。用户DSN和系统DSN将信息存储在Windows注册表中。用户DSN仅对用户可见，并且只能在本机上使用；而系统DSN允许所有用户登录特定服务器访问数据库，具有权限的用户都可以访问系统DSN。文件DSN将信息存储在后缀名为.dsn的文本文件中。如果将该文件放在网络的共享目录中，网络中的任何工作站都可以访问。在Web应用程序中访问数据库时，通常会建立系统DSN。以下是在Windows 10中创建一个与Access 2010连接的系统DSN的步骤。

　　(1) 单击【开始】按钮，在弹出的菜单中选择【设置】命令，在打开的对话框中输入"控制面板"，并按下回车键，打开【控制面板】窗口，如图8-2所示。

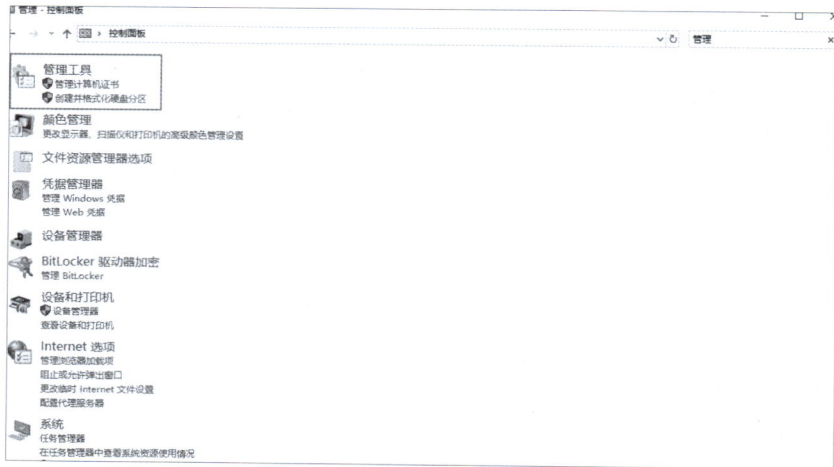

图 8-2　【控制面板】窗口

(2) 双击【控制面板】窗口中的【管理工具】图标，打开【管理工具】窗口，如图8-3所示。

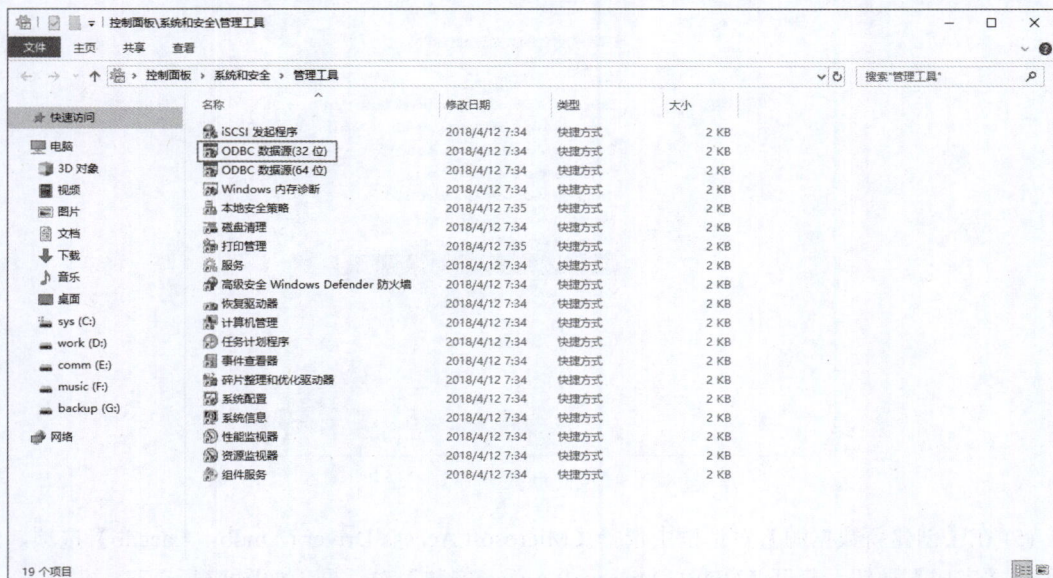

图 8-3　【管理工具】窗口

(3) 在【管理工具】窗口中双击【ODBC数据源(32位)】选项，打开【ODBC数据源管理程序(32位)】对话框，如图8-4所示。

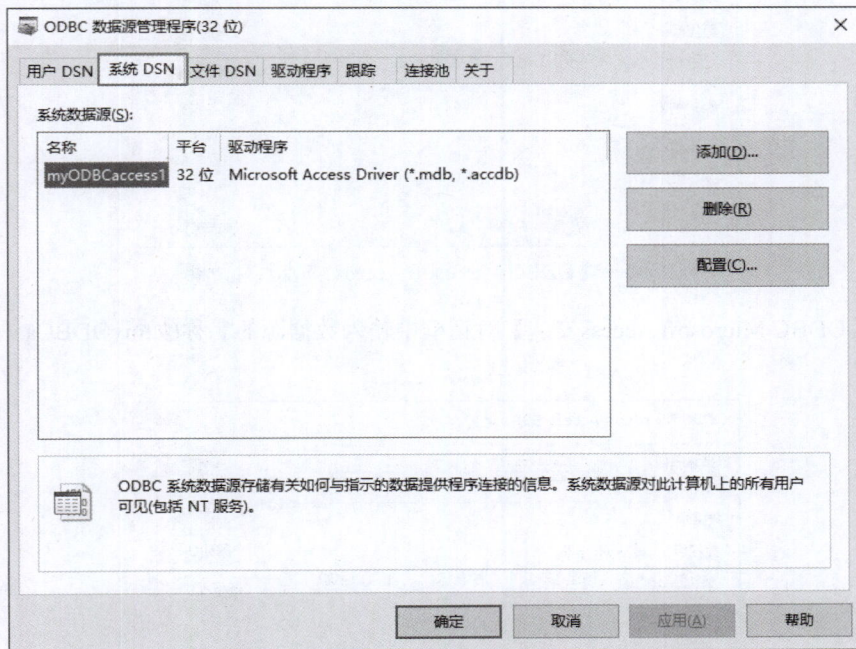

图 8-4　【ODBC 数据源管理程序 (32 位)】对话框

(4) 在【ODBC数据源管理程序(32位)】对话框中选择【系统DSN】选项卡，然后单击【添加】按钮，打开【创建新数据源】对话框，如图8-5所示。

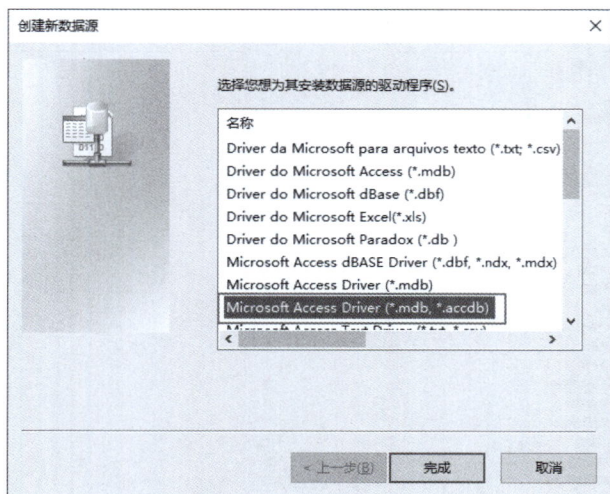

图 8-5　【创建新数据源】对话框

(5) 在【创建新数据源】对话框中选择【Microsoft Access Driver (*.mdb，*.accdb】选项，然后单击【完成】按钮，打开【ODBC Microsoft Access安装】对话框，如图8-6所示。

图 8-6　【ODBC Microsoft Access 安装】对话框

(6) 在【ODBC Microsoft Access安装】对话框中输入数据源的名称(如myODBCaccess)，如图8-7所示。

图 8-7　【ODBC Microsoft Access 安装】对话框

(7) 在【ODBC Microsoft Access安装】对话框中单击【选择】按钮，在打开的【选择数据库】对话框中选择关联的数据库(如mydb.mdb)，如图8-8所示。

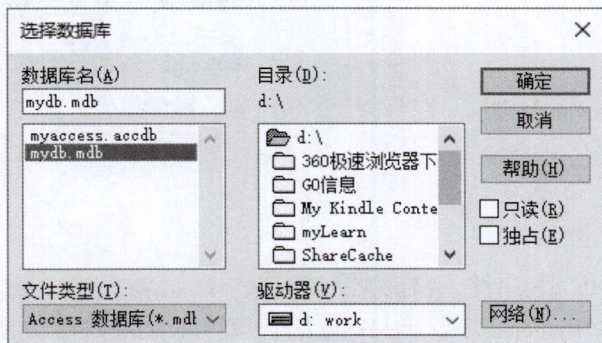

图 8-8 【选择数据库】对话框

(8) 在【选择数据库】对话框中单击【确定】按钮，返回【ODBC数据源管理器程序(32位)】对话框后单击【应用】按钮，即可创建一个名为myODBCaccess的系统DSN。

8.4 本章小结

本章主要介绍了如何利用os.path模块和open( )函数对文件进行操作，以及在Python中访问SQLite数据库、Access数据库和MySQL数据库的方法。

8.5 思考和练习

1. 编写一个程序，实现在键盘输入一行文字并将其写入到一个文件中。

2. 编写一个程序，实现读取文本文件中的内容并输出到显示屏。

3. 编写一个程序，实现将1~100之间的奇数写入一个二进制文件，然后从该二进制文件中逐一读取奇数，并以每行10个数的方式输出到显示屏。

4. 编写一个程序，实现以下功能：(1)向Access数据库表table中添加一条记录；(2)修改table表中满足特定条件的记录；(3)删除table表中满足特定条件的记录；(4)在显示屏上显示table表中的所有记录。table表的结构详见表8-14。

表8-14 table表的结构

字段名称	类型
姓名	字符
性别	字符
学号	字符
总分	数字

参 考 文 献

[1] 约翰·策勒. Python程序设计[M]. 3版. 王海鹏，译. 北京：人民邮电出版社，2018.

[2] 戴维·施奈德 I. Python程序设计[M]. 车万翔，等译. 北京：机械工业出版社，2016.

[3] 黄建军，沈克永. Python程序设计[M]. 北京：清华大学出版社，2023.

[4] 董付国. Python程序设计基础[M]. 3版. 北京：清华大学出版社，2019.

[5] 夏敏捷. Python程序设计——从基础到开发[M]. 北京：清华大学出版社，2017.